畜禽屠宰操作规程实施指南系列丛书
CHUQIN TUZAI CAOZUO GUICHENG SHISHI ZHINAN

中国动物疫病预防控制中心
（农业农村部屠宰技术中心） ◎ 编

中国农业出版社
农村读物出版社
北　京

图书在版编目（CIP）数据

兔屠宰操作指南 / 中国动物疫病预防控制中心（农业农村部屠宰技术中心）编．—北京：中国农业出版社，2019.11（2020.3 重印）
（畜禽屠宰操作规程实施指南系列丛书）
ISBN 978-7-109-26119-8

Ⅰ．①兔…　Ⅱ．①中…　Ⅲ．①肉用兔-屠宰加工-指南　Ⅳ．①TS251.4-62

中国版本图书馆 CIP 数据核字（2019）第 253330 号

中国农业出版社出版
地址：北京市朝阳区麦子店街 18 号楼
邮编：100125
责任编辑：刘　伟　杨晓改
版式设计：杜　然　　责任校对：刘丽香
印刷：北京万友印刷有限公司
版次：2019 年 11 月第 1 版
印次：2020 年 3 月北京第 2 次印刷
发行：新华书店北京发行所
开本：700mm×1000mm　1/16
印张：5.75　　插页：4
字数：280 千字
定价：48.00 元

丛书编委会

本书编委会

主　编：张朝明　李　琳

副主编：高胜普　薛在军　王树峰

编　者（按姓名音序排列）：

鲍恩东　陈三民　高胜普　关婕葳
黄启震　李　琳　李　鹏　刘　曼
刘美玲　马　冲　单佳蕾　王　楠
王树峰　吴玉苹　薛秀海　薛在军
尤　华　张朝明　张　杰　张奎彪
张宁宁　张劭俣　张新玲　张雁洁
赵远征

审　稿（按姓名音序排列）：

鲍恩东　高胜普　李　琳　刘美玲
王树峰　薛在军　叶金鹏　张朝明

序

畜禽屠宰标准是规范屠宰加工行为的技术基础，是保障肉品质量安全的重要依据。近年来，我国加强了畜禽屠宰标准化工作，陆续制修订了一系列畜禽屠宰操作规程领域国家标准和农业行业标准。为加强标准宣贯工作的指导，提高对标准的理解和执行能力，全国屠宰加工标准化技术委员会秘书处承担单位中国动物疫病预防控制中心（农业农村部屠宰技术中心）组织相关大专院校、科研机构、行业协会、屠宰企业等有关单位和专家编写了“畜禽屠宰操作规程实施指南系列丛书”。

本套丛书对照最新制修订的畜禽屠宰操作规程类国家标准或行业标准，采用图文并茂的方式，系统介绍了我国畜禽屠宰行业概况、相关法律法规标准以及畜禽屠宰相关基础知识，逐条逐款解读了标准内容，重点阐述了相关条款制修订的依据、执行要点等，详细描述了相应的实际操作要求，以便于畜禽屠宰企业更好地领会和实施标准内容，提高屠宰加工技术水平，保障肉品质量安全。

本套丛书包括生猪、牛、羊、鸡和兔等分册，是目前国内首套采用标准解读的方式，系统、直观描述畜禽屠宰操作的图书，可操作性和实用性强。本套丛书可作为畜禽屠宰企业实施标准化生产的参考资料，也可作为食品、兽医等有关专业科研教育人员的辅助材料，还可作为大众了解畜禽屠宰加工知识的科普读物。

前 言

我国是肉兔养殖大国，兔肉产量位居世界首位。但是，相对于国外发达国家同类企业而言，我国兔屠宰加工水平良莠不齐，行业集中度和技术规范性有待进一步提高。为进一步规范兔屠宰操作，提升兔屠宰产品品质，增强行业竞争力，农业农村部组织制定了农业行业标准《畜禽屠宰操作规程 兔》（NY/T 3470—2019）。该标准于 2019 年 8 月 1 日发布，于 2019 年 11 月 1 日正式实施。

为便于广大兔屠宰加工从业人员更好地学习、贯彻实施《畜禽屠宰操作规程 兔》（NY/T 3470—2019），更好地指导生产，为消费者提供更优质的产品，中国动物疫病预防控制中心（农业农村部屠宰技术中心）组织相关大专院校、科研机构、行业协会、屠宰企业等单位的专业人员编写了《兔屠宰操作指南》一书。

本书对标准条文进行了深入细致的解读，同时配上相应的示意图片，进行具体的操作描述，具有通俗易懂、可操作性强的特点。在体例上，前 2 章为兔产业现状及发展趋势、相关法律法规及标准、兔屠宰相关知识等。第 3 章至第 7 章对照标准的相应章节，逐条逐款地进行了深入细致的解读，阐述了相关条款制修订的依据、执行要点和实际操作等。本书可作为屠宰企业实施标准化生产的培训资料，也可作为食品、兽医等相关专业科研教育人员的辅助材料，还可作为大众了解兔屠宰加工的科普读物。

在本书编写过程中，山东省肉类协会、青岛康大食品有限公司及全国屠宰加工标准化技术委员会的专家委员为本书的出版给予了大力帮助与支持，在此表示衷心的感谢。

由于时间仓促，限于编者的水平和能力，书中难免有纰漏与不足之处，恳请广大读者批评指正。

编 者

2019 年 10 月

目 录

第 1 章 兔产业现状及发展趋势

一、兔产业发展概况

1. 世界兔产业概况

兔是一种节粮型小型家畜，以食草为主，生长发育快，饲料转化率高，繁殖能力强。研究表明，兔以草换肉、以草换毛和以草换皮的效率高于其他动物。16 世纪初，法国等地已开始驯化野兔，或依靠捕捉母兔产仔来获取美味佳肴。中国早在先秦时代就有饲养家兔的记载。目前，由家兔所提供的肉、皮、毛等产品是人们日常生活中的重要物资，兔产业已成为畜牧业的重要组成部分。联合国粮食及农业组织数据显示，1961 年，全球共有 45 个国家和地区从事家兔养殖与兔产品生产。由于家兔养殖具有投资小、见效快、效益好的特点，到 2016 年底，全球从事家兔养殖与兔产品生产的国家和地区已达 93 个。

全球肉兔出栏量由 2000 年的 6.35 亿只增加到 2016 年的 9.81 亿只，维持相对稳定的增长（图 1－1）。2016 年，世界家兔存栏 3.17 亿只、出栏 9.81 亿只，兔肉产量由 2000 年的 87.77 万 t 增长到 2016 年的 142.81 万 t（图 1－2）。

世界兔肉产量以亚洲和欧洲居多。2016 年，全球兔肉产量 142.81 万 t，其中，中国 84.92 万 t，朝鲜 17.27 万 t，埃及 6.56 万 t，意大利 5.44 万 t，西班牙 5.06 万 t，法国 4.84 万 t，捷克 3.97 万 t，德国 3.60 万 t，俄罗斯 1.82 万 t，乌克兰 1.22 万 t。中国兔肉产量占世界兔肉产量的 59.46％，全球排名第一（图 1－3）。

2. 国内兔产业概况

(1) 兔的品种 我国肉兔品种、配套系长期依赖国外进口，主要是伊拉兔、加利福尼亚兔、日本大耳白兔、青紫蓝兔、比利时兔、伊普吕兔等（图 1－4 至图 1－9）。近年来，我国在肉兔新品种培育自主创新方面取得

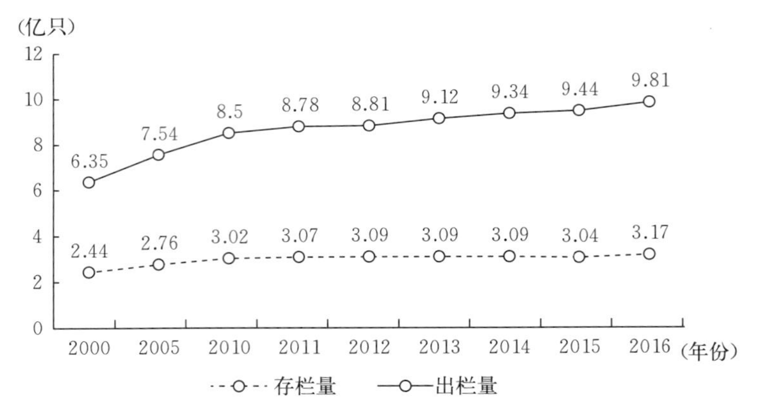

图 1-1　2000—2016 年主要年份全球家兔生产情况

资料来源：联合国粮食及农业组织数据库 http://www.fao.org/faostat/en/。

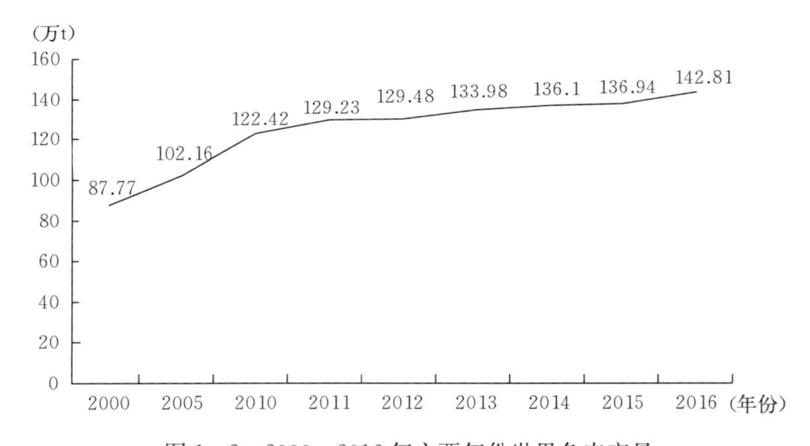

图 1-2　2000—2016 年主要年份世界兔肉产量

资料来源：联合国粮食及农业组织数据库 http://www.fao.org/faostat/en/。

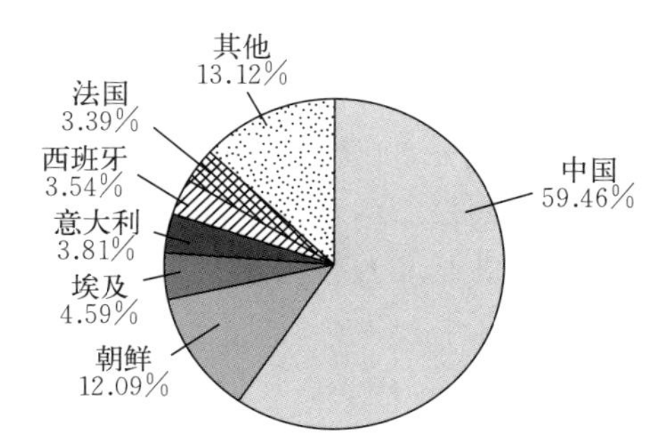

图 1-3　2016 年全球兔肉生产国兔肉产量占比

资料来源：联合国粮食及农业组织数据库 http://www.fao.org/faostat/en/。

了重大突破，四川省先后育成了齐兴肉兔和天府黑兔等品系，在四川省得到了大面积推广。2009 年，河南省安阳灰兔、豫丰黄兔正式通过国家畜禽遗传资源委员会的品种审定。2010 年，闽西南黑兔、九嶷山兔通过国家畜禽遗传资源委员会的品种审定。2011 年，山东省青岛康大兔业发展有限公司历时 6 年培育的康大 1 号、康大 2 号、康大 3 号肉兔配套系分别通过品种审定，逐步减少了对国外优良品种的进口依赖。康大配套系目前具有 7 个专门化品系，形成了 2 个三系配套和 1 个四系配套，具有繁殖性能高、生长发育快、抗病能力强等特点。

图 1-4　伊拉兔

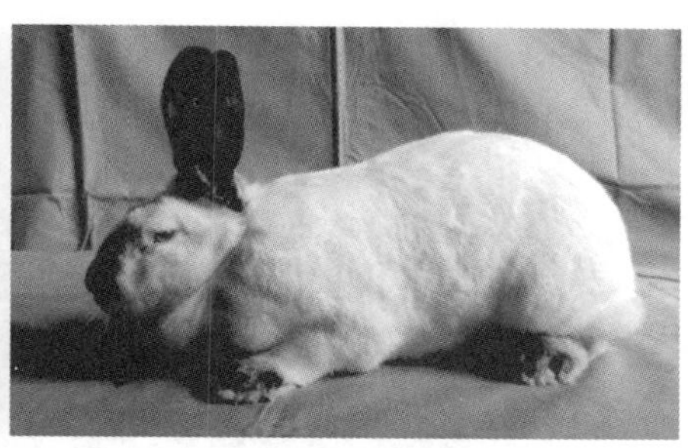

图 1-5　加利福尼亚兔

图 1-6　日本大耳白兔

图 1-7　青紫蓝兔

图 1-8　比利时兔

图 1-9　伊普吕兔

（2）兔的养殖 兔的养殖由过去粗放的散养模式逐步向规模化、现代化养殖模式发展。其中，在良种繁育、饲料营养、设备设施、环境控制、疾病防控、饲养管理和人工授精等方面都得到了较快发展，实现了养殖效率的大幅提高和养殖成本的持续降低，增强了产业的核心竞争力。从生产模式来看，目前我国家兔的生产主要有3种类型：一是集约化家庭养殖模式，占家兔出栏总量的10%～20%（图1-10）。二是合作组织生产模式，主要是通过养兔合作社或养兔协会等组织，建立兔源生产基地，提高了生产的组织化程度。三是集约化规模化的生产模式。从区域结构来看，我国肉兔养殖主要集中在四川、重庆、山东和河南等地。据调查，2017年，中国家兔存栏量18 402.6万只，出栏量46 967.9万只，兔肉产量73.5万t。

图1-10 集约化家庭养殖

（3）发展趋势 近年来，我国兔养殖方式不断升级，养殖效率不断提高。一些小散户逐步退出，产业正逐步由传统型、粗放型、家庭副业型向集约化、规模化和标准化方向发展，规模化兔场的比例逐年提高。适度规模化的大中型养殖场以先进的技术为支撑，实现了劳动节约型的自动化或半自动化生产，在兔场建筑、饲养管理、人工授精技术、笼具样式、环境控制等方面实现了标准化（图1-11至图1-13）。

图1-11 标准化兔场

图1-12　标准化兔舍（带兔）

图1-13　标准化兔舍（无兔）

生产的集约化还表现在饲料企业与养兔企业的联合，以及屠宰加工企业直接参股养殖或饲料企业，形成了一个利益共同体，从而调节生产链中各环节的利润，以共同应对市场的波动和风险。

在兔养殖过程中，动物福利得到重视，一些国家制定和出台了与养兔相关的福利规定和指南。例如，荷兰和德国对养兔笼具的大小、高度都提出了明确要求，还要求母兔笼应建有跃层以便于哺乳母兔休息。此外，欧洲对我国兔肉出口养殖场也逐渐提出了动物福利方面的具体要求。例如，要求丰富家兔的生活环境，设置磨牙棒或类似玩具供兔子玩耍等。欧洲的兔业研究机构也正在开展肉兔群体饲养问题研究，如以10只～20只为一群饲养。肉兔出口企业更应重视动物福利方面的要求。

二、兔屠宰产业与兔肉消费

1. 兔屠宰产业现状

（1）区域分布　目前，我国兔屠宰加工企业主要分布在山东、河南等省份。

(2) 产业现状 由于兔为小型家畜，屠宰工艺较为简单，兔屠宰加工企业在规模化、机械化及生产管理水平等方面参差不齐，规模企业兔加工产品主要是整只兔胴体和各类分割产品。山东省是我国兔肉的主要出口省份，在全球兔肉出口市场中占有重要地位。2016 年，中国出口兔肉 5 803.83 t，占全球兔肉出口总量的 15.98%，排在西班牙（19.48%）和法国（18.80%）之后，位列第三。

2. 兔肉的消费需求

(1) 兔肉的营养性 兔肉质地细嫩，味道鲜美，性凉、味甘，在国际和国内市场上均享有盛名，被消费者称为“保健肉”“荤中之素”“美容肉”“百味肉”等。随着人们生活水平的提高，兔肉因其“三高三低”（高蛋白质、高矿物质、高消化率，低热量、低脂肪、低胆固醇）的营养特性，越来越受到关注。

(2) 兔肉的消费需求 兔粮以杂草及农副产品为主，不与人类争粮，但能给人类提供廉价、优质的动物性食品。因此，发展肉兔养殖业是解决粮食紧缺和蛋白质供应不足的重要途径之一。人类对草食家畜，特别是兔，应当优先发展，其产品将成为人们日常生活中的重要食品。

在欧洲一些国家，人们传统习惯上都喜欢吃冰鲜兔肉，即屠宰后经过冷藏产酸后的兔肉。这些兔肉一般与碎冰放在一起，既能保证兔肉的鲜嫩，又能延长兔肉的保质期。随着市场消费需求的变化，兔肉的产品类型也发生了较大变化。以前，多以整只兔胴体肉为主，有的还带有兔头；现在，兔肉分割产品比例大幅上升，并逐步开发出品种繁多、美味可口的兔肉深加工品和熟制产品（图 1－14 至图 1－17）。

图 1－14 整只兔

图 1－15 兔前腿

图 1－16　兔后腿

图 1－17　兔腰背条

随着我国社会经济的快速发展，城市化水平显著提高，城镇居民的消费观念发生了很大变化，消费结构呈现多元化，兔肉在中国的消费呈逐年增长的态势。

国内兔肉主要消费区域为四川、重庆、广东和福建等地。近年来，在北京、内蒙古等一些北方地区，兔肉消费也逐年增加。

三、法律法规及相关标准

1. 法律法规

我国先后出台了《中华人民共和国食品安全法》《中华人民共和国农产品质量安全法》《中华人民共和国动物防疫法》《中华人民共和国进出境动植物检疫法》等法律法规。对保证肉兔及其制品的质量安全，促进兔产业的持续健康发展，发挥了重要作用。

2. 兔屠宰相关标准

目前，兔屠宰产业执行的标准主要为《鲜、冻兔肉》(GB/T 17239—2008)。该标准对鲜、冻兔肉的术语和定义、技术要求、检验方法、检验规则，以及标签、标志、包装、储存要求等进行了规定。同时，兔屠宰产业还执行国家颁布实施的畜禽屠宰加工、检验检疫、卫生管理等通用标准。兔的屠宰检疫主要依据农业农村部印发的《兔屠宰检疫规程》开展。

第 2 章 兔屠宰相关基础知识

一、兔解剖基础知识

兔解剖基础知识是兔屠宰与分割技术的基础。作为兔屠宰与分割的操作人员，只有充分了解并熟悉兔的形态和解剖特点，才能提高兔屠宰与分割的操作效率和产品质量。

1. 外形

根据兔的外形特征，一般划分为头、躯干和四肢 3 部分。

2. 骨骼

兔全身骨骼可分为头骨、躯干骨和四肢骨，约 276 块。

(1) 头骨 头骨是由颅骨和面骨 2 部分组成，共 29 块。

(2) 躯干骨 躯干骨是除去头骨和四肢骨以外的骨，由脊柱和胸廓 2 部分构成。脊柱构成兔体的中轴，由一系列椎骨借软骨、关节与韧带连接而成。组成脊柱的椎骨按其所在部位分颈椎、胸椎、腰椎、荐椎和尾椎。

(3) 四肢骨 四肢骨由前肢骨和后肢骨组成。

前肢骨由肩胛骨、臂骨、前臂骨和前脚骨组成。前肢骨为三角扁骨，前缘略凸，后缘略凹。背侧缘在活体中附有肩胛软骨，外侧面的纵向隆起为肩胛冈，冈的远端有明显的肩峰。肩峰游离端有向后伸出的突起，叫肩峰突，为兔所特有的骨骼结构。

后肢骨由髋骨、股骨、髌骨、小腿骨和后脚骨组成。髋骨由髂骨、坐骨和耻骨结合而成，三骨结合处形成髋臼。股骨又称大腿骨，由骨体和两端结构组成。髌骨又称膝盖骨，是大腿骨的一块小籽骨，呈楔状，似枣核，后面的关节面与股骨滑车关节面形成关节。小腿骨包括胫骨和腓骨。后脚骨由跗骨、跖骨、趾骨和籽骨组成。

3. 肌肉

肌肉主要由肌细胞构成，可分为骨骼肌、内脏肌和心肌 3 种。

骨骼肌的肌纤维在显微镜下观察，可见许多明暗相间的条纹，故又称横纹肌。内脏肌分布于内脏器官，肌纤维在显微镜下观察无横纹，故又称平滑肌。心肌是分布在心脏上的肌肉，包括心房肌和心室肌，肌纤维在显微镜下看有横纹（不如骨骼肌显著），有闰盘。兔肌肉的颜色比较特殊，大部分肌肉呈白色，称为白肌；小部分肌肉呈红色，称为红肌。对于其他动物，肉眼很难区分白肌和红肌；但对于兔体，特别是新屠宰的兔体，可以清楚区分。

兔全身肌肉包括皮肌、头部肌、脊柱肌、胸壁肌、前肢肌和后肢肌。

4. 内脏

兔的内脏包括消化系统、呼吸系统、循环系统、泌尿系统和生殖系统的相关器官。

（1）消化系统　消化系统由消化管和消化腺组成。

消化管是从口腔至肛门的连贯性管道。主要包括口腔、咽、食管、胃、小肠（十二指肠、空肠、回肠）和大肠（结肠、盲肠、直肠）。消化腺主要有唾液腺、肝、胰腺。兔胃为单室腺型胃，胃腺分泌的胃液具有较强的消化能力。

兔肠管很长，小肠和大肠的总长度达 5 m 左右。青年兔的肠管为体长的 14.4 倍，成年兔的肠管为体长的 10 倍。圆小囊和蚓突是兔所特有的结构，其壁较厚，由发达的肌组织和丰富的淋巴组织构成，是兔的免疫器官。

兔盲肠比较发达，经小肠消化、吸收后的剩余食糜和未经消化的纤维素进入盲肠，这里有大量的细菌对其进行发酵和分解。

唾液腺有 4 对，较其他家畜多 1 对眶下腺。胰腺与胆总管的开口间距较其他家畜远得多。

（2）呼吸系统　呼吸系统包括呼吸器官和辅助装置 2 部分。

呼吸器官包括鼻、咽、喉、气管、支气管和肺；辅助装置包括胸腔和胸膜腔。

肺位于胸腔内，左右各一，右肺比左肺大。左肺分 2 叶，分别为尖叶和心膈叶；右肺分 4 叶，分别为尖叶、心叶、膈叶和副叶。以胸廓为骨质基础，外覆肌肉、筋膜和皮肤，内衬胸膜，共同围成的腔，称为胸腔。胸腔内有心脏、大血管、肺、气管、食管和神经等。

（3）循环系统　循环系统包括心脏、血管和血液。

心脏是血液循环的动力器官，在神经体液的调节下进行节律性的收缩和舒张，使其中的血液按一定的方向循环流动。心脏位于胸腔纵隔内，夹于两肺之间，略偏左侧，长轴斜向后下方，呈前后略扁的圆锥形。心基朝上，有进出心脏的大血管；心尖朝下，是游离的。心脏外面有心包。取掉心包，可见心脏外表面近心基处有环形的冠状沟，腹侧面有自冠状沟向后伸延的纵沟为腹纵沟（右纵沟），背侧面也有一纵行沟为背纵沟（左纵沟）。冠状沟、腹纵沟和背纵沟内被冠状血管和脂肪所填充。

输送血液的管道，称为血管。根据其结构和功能不同，可分为动脉、毛细血管和静脉。动脉是将血液由心脏送到兔体各部的血管，管壁厚，富有弹性和收缩性，由心脏发出，向周围行走并分支，越走越细，在组织器官内成为毛细血管；毛细血管是动脉的末端、静脉的开端，位于组织内呈密网状的微细血管，是物质交换的部位；静脉是将血液由躯体各部运回心脏的血管。

血液从右心室出来，经肺动脉—肺毛细血管—肺静脉—左心房这一运行途径，称为肺循环（小循环）。血液从左心室流出，经主动脉及其分支到达躯体各部，形成体毛细血管，然后汇集成各级静脉，最后经前腔静脉、后腔静脉、冠状静脉注入右心房，血液的这一运行过程，称为体循环（大循环）。

兔摄取的食物和水经消化道的机械、化学、微生物的消化作用，被分解成可吸收的简单物质进入血液和淋巴，随血液循环运输到躯体各部，营养物质供组织细胞活动使用，组织细胞在代谢过程中产生的代谢产物随血液循环运输到排泄器官排出体外。从外界吸入的氧气或组织细胞氧化过程中产生的二氧化碳进入血液，随血液循环进行运输，以保证机体正常的新陈代谢。同时，激素也随血液运输到靶器官或靶组织细胞发挥作用。

（4）泌尿系统 泌尿系统由肾、输尿管、膀胱和尿道组成。

肾位于腰下部，左右各一，呈卵圆形。右肾略前，在最后肋骨椎骨端和腰椎横突腹侧；左肾略后，在第2～4腰椎横突腹侧。色暗红，外缘凸、内缘凹陷部叫肾门，为输尿管、肾动脉、肾静脉、淋巴管及神经出入的门户。

输尿管是输送尿液的管道。起于肾盂，止于膀胱。

膀胱是暂时储存尿液的器官，呈梨形。无尿时位于骨盆腔，尿液充满时突入腹腔。膀胱分顶、体、颈3部分。连接膀胱的韧带有膀胱中韧带和膀胱侧韧带。尿道是将尿液从膀胱排出体外的通道。

膀胱颈内的管为膀胱颈管，为真正的尿道。膀胱颈管一端通向膀胱体

的口，叫尿道内口；另一端，母兔通向尿生殖前庭，公兔通向尿生殖道骨盆部，称为尿道外口。母兔经阴门，公兔经过尿生殖道阴茎部及尿生殖道外口把尿液排出体外。

（5）生殖系统　生殖系统是兔繁殖后代、保证物种延续的系统，它能产生生殖细胞（精子或卵子）并分泌性激素。生殖系统分雄性生殖器官和雌性生殖器官。雄性生殖器官由睾丸、附睾、输精管、尿生殖道、副性腺、阴茎、阴囊、精索和包皮组成。雌性生殖器官由卵巢、输卵管、子宫、阴道、尿生殖前庭和阴门组成。

二、品质异常兔肉

品质异常兔肉主要包括气味异常肉，色泽异常肉，组织器官病变肉，病、死兔肉，异常冷冻和冷却肉等。一经检出确认不可食用的，按照《病死及病害动物无害化处理技术规范》等相关规定进行无害化处理。

1. 气味异常肉

肉腐败变质、饲料气味、病理性气味、药物气味和储藏环境的异味等均可引起兔肉气味和滋味的异常。直接检查兔肉的气味，注意有无异味。通过煮沸后肉汤试验，可检查肉汤的气味和滋味。

2. 色泽异常肉

（1）放血不全　放血不全多由屠宰放血操作不当或者病理性因素引起。胴体的色泽较暗，肌肉中毛细血管充血，肌肉切面有血液流出。严重的，内脏颜色变暗。

（2）黄疸　因机体胆汁排泄发生故障导致大量胆红素进入血液，引起全身组织发黄，常见于肝病、传染病和中毒等。宰前可见皮肤、眼结膜等可视黏膜呈黄色。宰后可见皮肤、结膜、黏膜等部位呈不同程度黄色，肝脏和胆管可见病变。严重者，胴体放置一天黄色也不消褪，并伴有肌肉变性和苦味。

3. 组织器官病变肉

（1）出血　出血是指血液从心脏和血管进入组织间隙或者体腔、体表。多由屠宰操作不当或者病理性因素引起。

（2）脓肿　脓肿是在急性感染过程中，动物机体因病变组织坏死或液化而出现的局限性脓液积聚，外周有完整的脓壁包裹。

4. 病、死兔肉

病、死兔肉多见发病后濒死期急宰或者死后冷宰的兔肉。这类兔肉不仅危害人体健康，还可造成疫病传播。因此，不得食用，所有产品作化制或焚烧处理。

病、死兔肉一般可见胴体放血不良，呈暗红色；按压肌肉会有少量暗红色血液渗出；血管内积有暗紫红色血液。

5. 异常冷冻和冷却肉

兔肉在冷加工和储藏中，由于受到微生物污染、环境因素及加工方法等条件影响，会出现一些异常变化，常见的有变色、发霉和异味等。

第 3 章 术语和定义

【标准原文】

3 术语和定义

GB 12694、GB/T 19480 界定的以及下列术语和定义适用于本文件。

【内容解读】

GB 12694、GB/T 19480 界定的以及下列术语和定义适用于《畜禽屠宰操作规程 兔》(以下简称“本标准”),本标准保持了与相关标准的统一性和一致性。

本标准的术语和定义参照《食品安全国家标准 畜禽屠宰加工卫生规范》(GB 12694—2016)和《肉与肉制品术语》(GB/T 19480—2009)的规定,保持了与兔相关标准的统一性和一致性。结合兔屠宰行业的实际情况,明确了有关术语和定义。

一、兔屠体

【标准原文】

3.1

兔屠体 rabbit body

兔宰杀、放血后的躯体。

【内容解读】

兔屠体是经宰杀、放血后,带头、爪,未去内脏,未经剥皮的躯体(图 3-1)。

图 3-1 兔屠体

二、兔 胴 体

【标准原文】

3.2

兔胴体　rabbit carcass

去爪、去头（或不去头）、剥皮、去除内脏后的兔躯体。

【内容解读】

1. 定义

兔屠体经剥皮、去内脏、去爪、去头（根据工艺需要也可以带头）的躯体称为胴体（图3-2）。

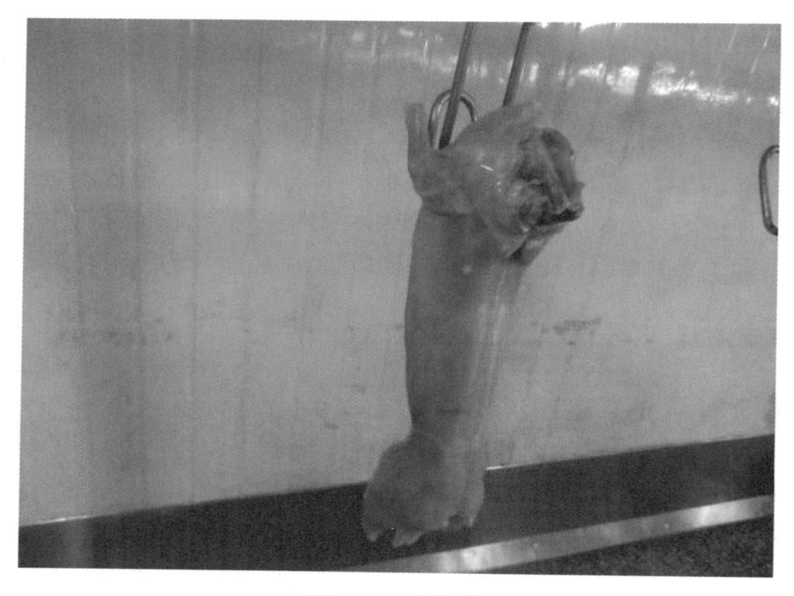

图3-2　兔胴体

2. 胴体与屠体的区别

屠体和胴体的主要区别在于是否包括内脏。放血去皮后的称为“屠体”；经进一步加工处理去掉内脏或头、爪的称为“胴体”。根据生产需要，胴体有的需要去兔头，有的不需要去兔头。

三、同步检验

【标准原文】

3.3

同步检验　synchronous inspection

与屠宰操作相对应，将畜禽的头、蹄（爪）、内脏与胴体生产线同步运行，由检验人员对照检验和综合判断的一种检验方法。

【内容解读】

胴体和内脏在检验线上一一对应、同步运行。对内脏和胴体情况进行综合分析，检验人员作出判断和处理，有问题的及时进行隔离和进一步处理（图 3－3）。

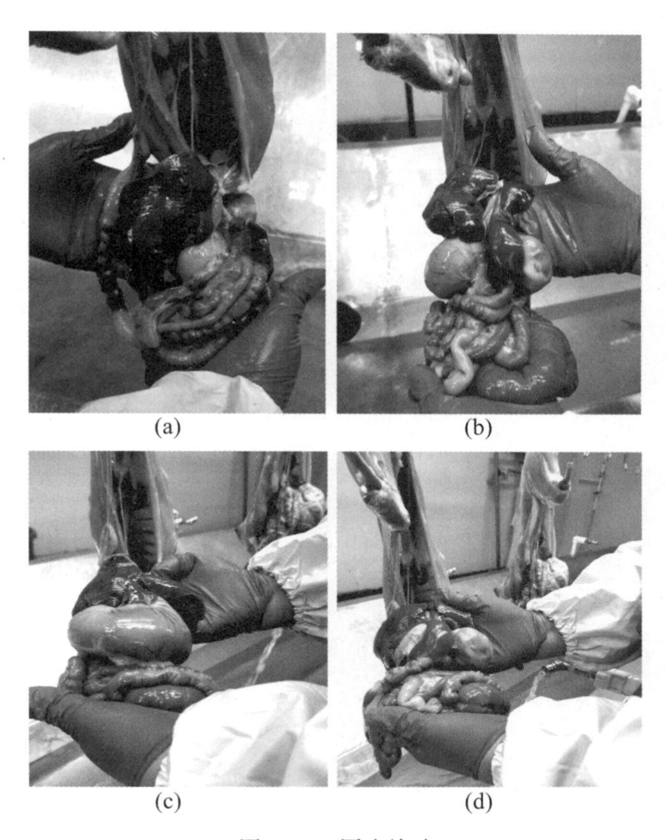

(a)　(b)　(c)　(d)

图 3－3　同步检验

《畜禽屠宰卫生检疫规范》（NY 467—2001）中对于同步检验的定义为：“在轨道运行中，对同畜禽的胴体、内脏、头、蹄，甚至皮张等实行的同时、等速、对照的集中检验。”

第4章 宰前要求

一、产地检疫证明

【标准原文】

4.1 待宰兔应健康良好，并附有产地动物卫生监督机构出具的动物检疫合格证明。

【内容解读】

本条款规定了待宰兔健康状况、产地检疫证明的要求。

1. 待宰活兔的健康要求

为防止兔疫病传播与危害，应由当地动物卫生监督机构的人员在养殖场（户）进行产地检疫，确保待宰兔健康良好，并出具动物检疫合格证明。《中华人民共和国动物防疫法》第四十二条明确规定："屠宰、出售或者运输动物以及出售或者运输动物产品前，货主应当按照国务院兽医主管部门的规定向当地动物卫生监督机构申报检疫。"《食品安全国家标准 鲜（冻）畜、禽产品》（GB 2707—2016）3.1 中规定："屠宰前的活畜、禽应经动物卫生监督机构检疫、检验合格。"《畜禽屠宰卫生检疫规范》（NY 467—2001）4.1.1 中规定："首先查验法定的动物产地检疫证明或出县境动物及动物产品运载工具消毒证明及运输检疫证明，以及其他所必需的检疫证明，待宰动物应来自非疫区，且健康良好。"4.2 中规定："健康畜禽在留养待宰期间尚需随时进行临床观察。送宰前再做一次群体检疫，剔出患病畜禽。"

2. 产地检疫证明

《中华人民共和国动物防疫法》第四十三条明确规定："屠宰、经营、运输以及参加展览、演出和比赛的动物，应当附有检疫证明；经营和运输的动物产品，应当附有检疫证明、检疫标志。”《食品安全国家标准　畜禽屠宰加工卫生规范》（GB 12694—2016）6.2.1 中规定：“供宰畜禽应附有动物检疫证明”。因此，活兔在出栏前必须取得产地检疫证明，方可进行屠宰。

【实际操作】

活兔出栏前，养殖场（户）向当地动物卫生监督机构申报产地检疫。官方兽医到现场实施检疫，检疫合格后出具动物检疫合格证明（图 4－1）。

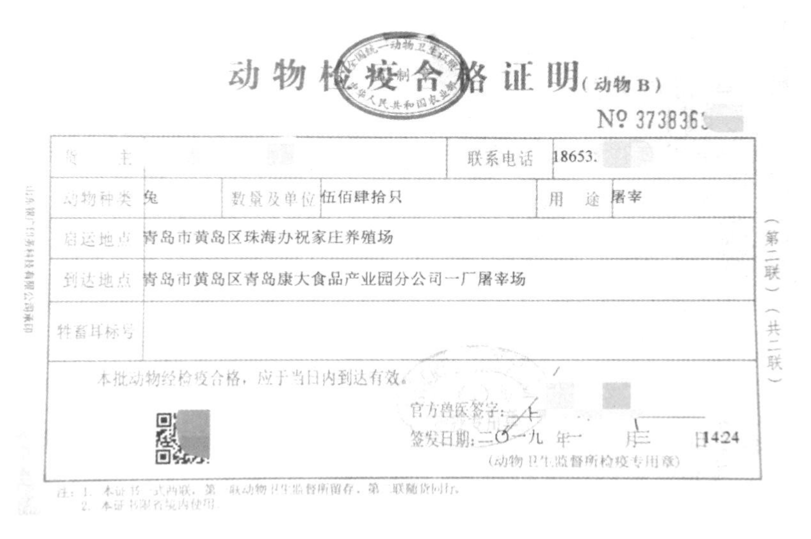

动物检疫合格证明（动物 B）

№ 373836

货　主				联系电话	18653.
动物种类	兔	数量及单位	伍佰肆拾只	用　途	屠宰
启运地点	青岛市黄岛区珠海办祝家庄养殖场				
到达地点	青岛市黄岛区青岛康大食品产业园分公司一厂屠宰场				
牲畜耳标号					

本批动物经检疫合格，应于当日内到达有效。

官方兽医签字：

签发日期：二〇一九 年　月　日 1424

（动物卫生监督所检疫专用章）

（第二联）（共二联）

图 4－1　动物检疫合格证明

注意： 兔出栏前，应及时申报检疫，取得动物检疫合格证明。待宰兔应健康良好。

二、停食静养

【标准原文】

4.2　兔宰前应停食静养，并充分给水。待宰时间超过 12 h 的，宜适量喂食。

【内容解读】

本条款规定了待宰兔停食静养的要求。

1. 停食静养的意义

停食静养是兔屠宰企业宰前管理的重要环节。通过停食静养，可以降低兔的应激反应，提高肉品品质。同时，该措施还可以减少排泄物，降低屠宰时因破肠造成胴体微生物污染的风险。待宰时间超过 12 h 的，宜适量喂食是出于动物福利的考虑。

欧盟理事会指令（93/119/EC）《关于动物屠宰和处死时对动物的保护问题》、欧盟 1099/2009《动物屠宰保护条例》要求：动物屠宰前停食不超过 12 h，停水不超过 2 h。

《食品安全国家标准　畜禽屠宰加工卫生规范》(GB 12694—2016) 6.2.4 中规定："畜禽临宰前应停食静养"，但并未规定具体的停食、停水时间。

2. 停食静养的要求

根据兔屠宰企业待宰兔停食、停水和待宰时间执行不一致的实际情况，本标准对停食和停水时间也未做统一规定。但基于动物福利考虑，参考欧盟有关条例的规定，停食时间最长不超过 12 h。如果待宰时间超过 12 h，活兔过度饥饿，会影响体重和企业经济效益。因此，待宰时间超过 12 h 的，宜适量喂食。

【实际操作】

宰前将活兔送至待宰场所充分休息，充分给水（图 4－2）。待宰期间，检验人员注意观察待宰兔的健康状况。停食静养待宰时间超过 12 h 的，宜适量喂食。

图 4－2　待宰场所（圈）

三、宰前检查

【标准原文】

4.3 屠宰前应向所在地动物卫生监督机构申报，按照农医发〔2018〕9号和GB 12694等进行宰前检查，合格后方可屠宰。

【内容解读】

本条款规定了待宰兔宰前检查的要求。

1. 检疫申报

根据《兔屠宰检疫规程》（农医发〔2018〕9号）中宰前检疫的规定，屠宰厂进行活兔初步验收后，需要提交相关材料，并向动物卫生监督机构进行检疫申报。

2. 宰前检查

宰前检查是有效防范兔传染病对兔肉产品质量造成影响、保证食品安全的重要措施。动物卫生监督机构接收企业申报后，需要按照《兔屠宰检疫规程》《食品安全国家标准　畜禽屠宰加工卫生规范》（GB 12694—2016）进行宰前检查。《食品安全国家标准　畜禽屠宰加工卫生规范》（GB 12694—2016）中规定："供宰畜禽应按国家相关法律法规、标准和规程进行宰前检查。应按照有关程序，对入场畜禽进行临床健康检查，观察活畜禽的外表，如畜禽的行为、体态、身体状况、体表、排泄物及气味等。对有异常情况的畜禽应隔离观察，测量体温，并做进一步检查。必要时，按照要求抽样进行实验室检测。""对判定不适宜正常屠宰的畜禽，应按照有关规定处理。"《兔屠宰检疫规程》（农医发〔2018〕9号）中规定："动物卫生监督机构受理屠宰厂（场、点）检疫申报后，应当由官方兽医对申报材料进行现场核查，对待宰兔进行临床检查。"

【实际操作】

1. 活兔验收

活兔运送到屠宰厂后，检验人员向货主索取动物检疫合格证明（图4-3）；问询与观察运输途中有无异常或非物理原因引起的死亡情况，查验证

件与实际数量等情况是否相符（图 4－4）。

图 4－3　索证

图 4－4　核实数量

2. 申报检疫

经验收合格的活兔，凭产地检疫合格证明、兔运输途中有无异常或死亡情况的查询记录、临床健康检查记录等申报检疫。

（1）临床检查　官方兽医按照《兔屠宰检疫规程》要求实施临床检查。检查时，应注意异常兔，并随机抽取兔只（每车抽 60 只～100 只）进行检查。

（2）群体检查　通过动态和静态等方面观察兔群的精神状况、外貌特征、呼吸状况及排泄物状态等情况（图 4－5）。

（3）个体检查　随机抽取一定比例的兔只，通过视诊和触诊等方法进行个体检查。用手轻握兔子耳朵进行体温检查，抓住兔只放在胸前或检验台上，观察其精神状态、体温、呼吸状况、背毛、腹部、面部、四肢等部位是否完好，有无外伤和病变（图 4－6）。

图 4－5　群体检查

图 4－6　个体检查

(4) 结果处理

① 对证物相符、记录合格或实验室检测确认无《兔屠宰检疫规程》规定疫病的，判为现场检查合格。

② 对证物不符的，按照《中华人民共和国动物防疫法》的有关规定进行处罚。具备条件的，实施补检；不具备条件或补检不合格的，在官方兽医监督下进行无害化处理。

③ 临床检查发现怀疑患有疫病及其他异常情况的，应当进行隔离观察，并按照每批次至少 30 头份采集样品送实验室检测。

④ 实验室检测确认为《兔屠宰检疫规程》规定疫病的，在官方兽医监督下进行无害化处理。

⑤ 临床检查健康、未发现异常情况或实验室检测确认无《兔屠宰检疫规程》规定疫病的，准予屠宰。

3. 车辆消毒

活兔运输到屠宰厂时，车轮经过与门同宽、长 4 m、深 0.3 m 以上的消毒池消毒（图 4－7，图 4－8）。

图 4－7　自动化喷淋消毒

图 4－8　人工辅助车辆消毒

运输车辆和运输兔笼等工具在装运前和使用后，使用有效的消毒剂进行消毒（图 4－9）。

注意：活兔到达屠宰厂装卸车时，装运活兔的笼具应轻搬轻放，不得采用扔抛等可能造成活兔受伤的方式，应将活兔从笼中逐只卸出（图 4－10，图 4－11）。

活兔到达屠宰厂后如暂不能卸车，应提供良好的遮蔽和通风设施，避免活兔受到恶劣天气的影响（图 4－12）。

图 4－9　车辆清洗消毒处

图 4－10　活兔搬运

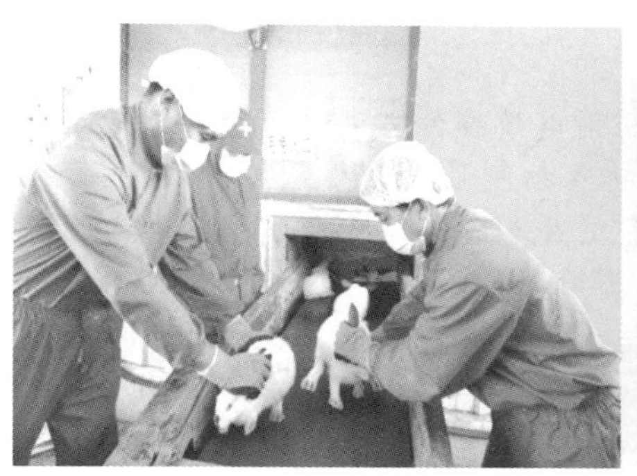

图 4－11　抓兔

图 4－12　活兔遮蔽和通风设施

第 5 章

屠宰操作程序和要求

一、致　　昏

【标准原文】

5.1　致昏

5.1.1　宰杀前应对兔致昏，宜采用电致昏的方法，使兔在宰杀、沥血直到死亡时处于无意识状态，对睫毛反射刺激不敏感。

5.1.2　采用电致昏时，应根据兔的品种和规格大小适当调整电压或电流参数、致昏时间，保持良好的电接触。

5.1.3　致昏设备的控制参数应适时监控并保存相关记录，应有备用的致昏设备。

【内容解读】

本条款规定了兔致昏方法、参数和设备的要求。

1. 致昏方法

致昏是通过物理或化学方法，使肉兔在宰杀前短时间内处于昏迷状态。宰前致昏是减少动物屠宰过程中遭受痛苦的有效办法，是改善动物福利的有效途径。而且，宰前致昏可有效减少宰前应激，降低动物屠宰过程中的剧烈挣扎，减少动物屠宰过程中的胴体损伤，提高宰后的肉品品质。目前，我国对兔致昏的方法主要有电击昏法、机械致昏法、气体致昏法等。肉兔屠宰厂常用的致昏方法是手持式电致昏设备麻电致昏法。该方法主要是使电流快速通过兔体麻痹中枢神经，减少兔只痛苦，符合动物福利的要求。致昏时，通过蘸取氯化钠溶液或其他导电介质，加大麻电器的导电能力，提高致昏效果，便于实际操作。

2. 致昏参数

影响电致昏效果的因素很多，如电致昏设备型号、兔只大小等。由于

活兔的品种类型和个体大小不同，导电性有所差异，个体耐受性也不同。所以，需要根据实际情况适当地调整电压或电流参数。目前，兔屠宰厂通常采用的致昏电压为 110 V，蘸取 10 % 氯化钠溶液，致昏时间 3 s～5 s。为了确保致昏效果，便于操作人员对设备参数进行有效监控，设备应能直观显示电压、电流、时间等参数。

3. 备用致昏设备

兔屠宰厂应有一套备用的致昏设备，防止致昏设备因突发故障而影响生产的连续进行，以确保致昏操作的连续性和有效性。备用设备应定期做好检查和维护保养，确保能够随时使用。

【实际操作】

1. 致昏前准备

致昏前，操作人员做好个人安全防护，穿戴绝缘靴、绝缘手套（图 5 - 1，图 5 - 2）。备好 10%氯化钠溶液或其他导电介质。其次，检查致昏设备及参数等是否正常（图 5 - 3）。

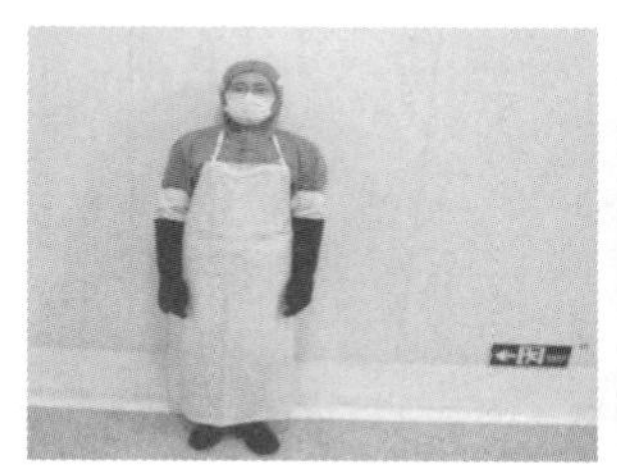

图 5 - 1　穿好防护服的操作员工

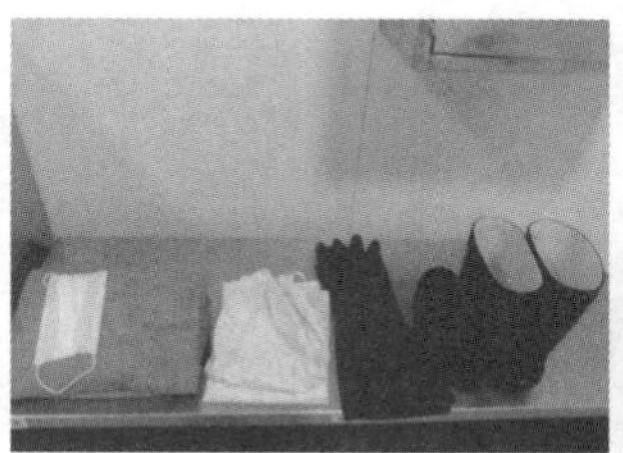

图 5 - 2　工作服、绝缘手套和绝缘靴

图 5 - 3　备用致昏设备

2. 致昏

将活兔运送到致昏设备，逐只进行致昏。致昏时，操作人员将活兔放于操作平台上，手轻抓兔耳，露出耳根部。使用手持式电致昏设备，蘸取氯化钠溶液或其他导电介质，触击兔耳根后部，使其处于无意识状态（图 5 - 4 至图 5 - 6、彩图 1）。

注意：致昏时做好个人安全防护，麻电部位要准确。在致昏过程中，操作人员应根据待宰兔的体重大小，适当调整致昏时间。同时，随时观察致昏时电压和电流的变化、兔只的反应，以确保致昏效果。大部分屠宰厂采用的致昏电压为 110 V，氯化钠溶液浓度为 10%，致昏时间为 3 s～5 s。

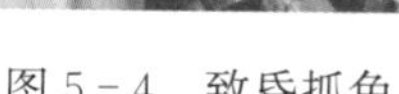

图 5-4　致昏抓兔

图 5-5　蘸取氯化钠溶液

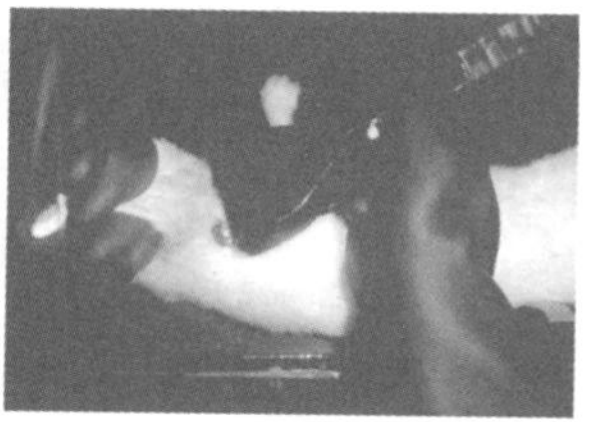

图 5-6　致昏部位（耳根部）

3. 致昏要求

为确保致昏效果的有效性和规范性，在实际操作中，检查人员采用睫毛反射法验证致昏效果。检查人员按规定时间抽查致昏后一定数量的兔只，放在检验台上，用手触碰兔眼睫毛，观察其睫毛是否有反应。如睫毛无反应，即证明致昏良好（图 5-7，图 5-8、彩图 2）。记录检查结果，并保存验证数据 2 年以上。

图 5-7　致昏后的兔只

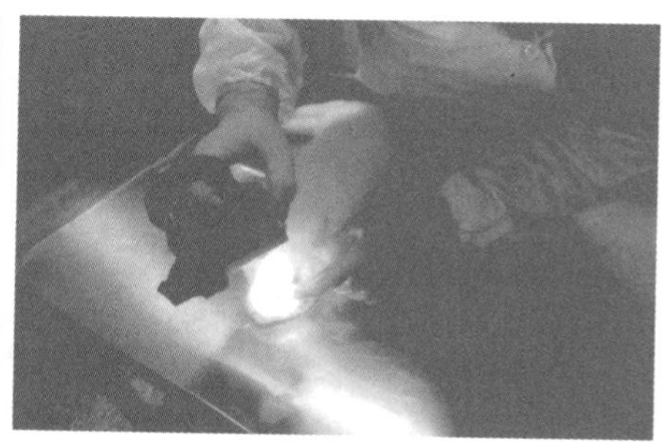

图 5-8　致昏验证

注意：定期对致昏效果进行验证，确保致昏效果，做好验证记录。

二、宰杀放血

【标准原文】

5.2　宰杀放血

5.2.1　兔致昏后应立即宰杀。将兔右后肢挂到链钩上，沿兔耳根部下颌骨割断颈动脉。

5.2.2　放血刀每次使用后应冲洗，经不低于 82 ℃的热水消毒后轮换使用。

5.2.3　沥血时间应不少于 4 min。

【内容解读】

本条款规定了兔宰杀放血、刀具消毒和沥血时间的要求。

1. 宰杀放血

（1）挂兔　兔致昏后，为了后续工序操作方便，一般先将兔右后肢挂到链钩上。

（2）宰杀放血　宰杀放血是对致昏后的兔只采用不同放血方式使体内血液快速流出的过程。《关于动物屠宰和处死时对动物的保护问题》中“附录Ⅳ：动物的放血”规定：“对已击昏的动物必须尽快放血，以保证放血快速、充分和彻底。”致昏后的兔只要立即宰杀放血，防止宰杀过程中兔只苏醒，造成痛苦。

宰杀放血一般采用人工或机械方式。通常采用切颈放血法，即用刀切断兔颈部动脉，或同时切断颈部气管、食管和血管。采用该方法放血操作方便，能使兔体血液快速流出，减少血液污染。

2. 刀具消毒

为了防止交叉污染，放血刀每次使用后应立即消毒。刀具应用不低于 82 ℃的热水消毒后轮换使用。《食品安全国家标准　畜禽屠宰加工卫生规范》（GB 12694—2016）5.1.2 中规定：“消毒用热水温度不应低于82 ℃”。根据热水温度选择相应的作用时间对器具进行消毒处理，达到杀死微生物的目的。由于刀具消毒时间较短，故一般使用不低于 82 ℃的热水进行消毒。

3. 沥血

沥血时间应不少于 4 min。如果沥血时间过短，则放血不充分，兔只体内会存留部分血液，影响肉的色泽；宰后胴体皮肤和皮下脂肪发红，还易引起兔肉中微生物繁殖，影响产品货架期。如果沥血时间过长，影响生产效率。

【实际操作】

1. 宰杀放血

操作人员手握致昏兔只的右后肢，将右后肢跗关节处卡入链条的挂钩内（图 5－9）。

(a)

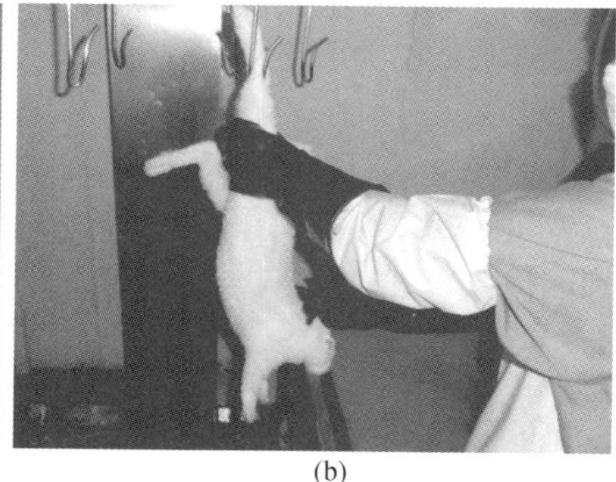
(b)

图 5-9　挂兔

注意：要挂牢，防止掉落。

挂兔后，对致昏后的兔立即放血。操作人员用手紧抓兔头，把兔只的头略向上仰起，用手持刀沿兔耳根部下颌骨处将兔的颈动脉割断（图 5-10、彩图 3），保证放血迅速、充分、彻底。

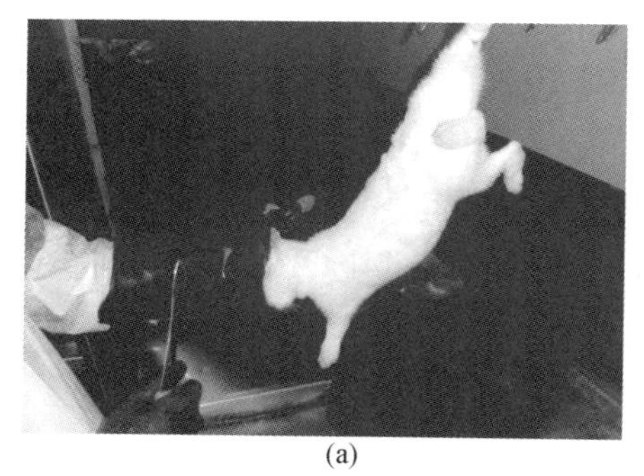
(a)

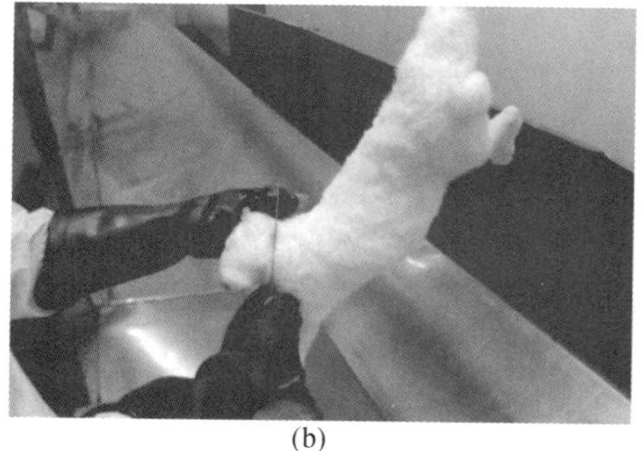
(b)

图 5-10　宰杀放血

2. 刀具消毒

宰杀放血环节需设有刀具冲洗和消毒装置。操作人员使用的放血刀具在逐只使用后用流水冲洗干净，将冲洗干净的刀具放入 82 ℃以上的热水槽中消毒。消毒后的刀具循环使用（图 5-11）。

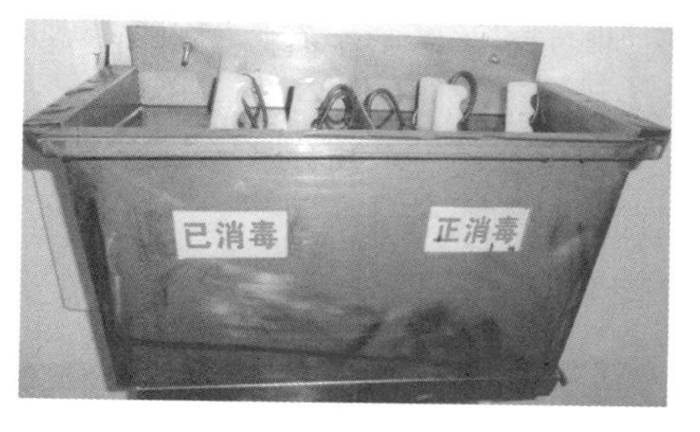

图 5-11　刀具热水消毒设施

3. 沥血

放血后的兔屠体在悬挂输送线上进行沥血，时间不少于 4 min，以确保沥血充分（图 5－12、彩图 4）。

图 5－12　沥血

注意：按要求设置悬挂输送线转速，确保沥血时间不少于 4 min。

三、去　　头

【标准原文】

5.3　去头

固定兔头，持刀沿兔寰椎（耳根部第一颈椎）处将兔头割下。

【内容解读】

本条款是对兔去头操作的要求。

在生产过程中，操作人员应一手固定兔头，使第一颈椎骨与头分离；另一手持刀沿兔寰椎（耳根部第一颈椎）处下刀，将兔头割下。因寰椎是头与躯干的连接点，根据生产实践经验，在此处去头既省力方便又保证了兔头的完整，使兔头与躯体的断面平齐。

根据市场需求和分割产品的需要，大部分屠宰厂加工兔去头产品。但根据地区消费饮食习惯和爱好，也有带头产品的需求，但需求量较小。故本标准未对不去头的工艺进行描述。

【实际操作】

操作人员一手固定兔头，顺势下压，使第一颈椎骨与头分离（图 5－13、彩图5)；另一手持刀沿兔寰椎处将兔头割下，放入专门的容器中以便运出（图5－14）。刀具使用后逐只冲洗，使用82℃以上的热水消毒后循环使用（图5－15）。

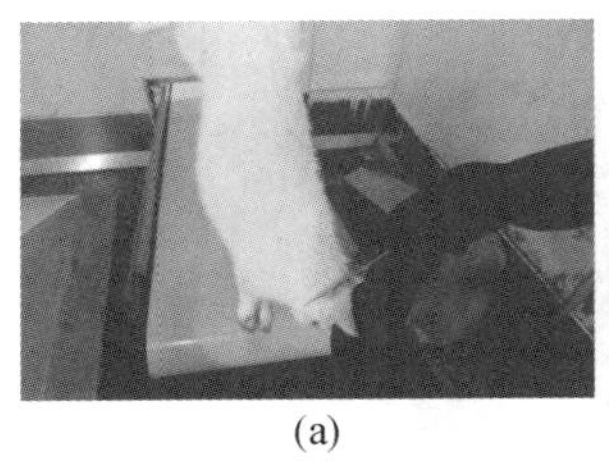
(a)

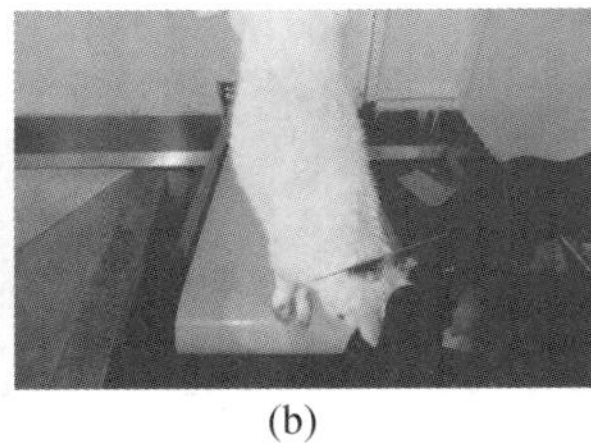
(b)

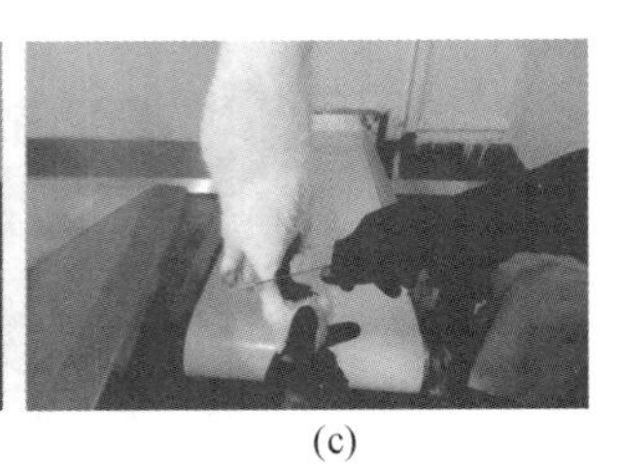
(c)

图5－13　去头

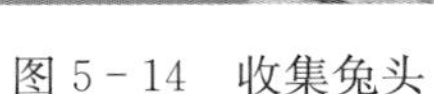
图5－14　收集兔头

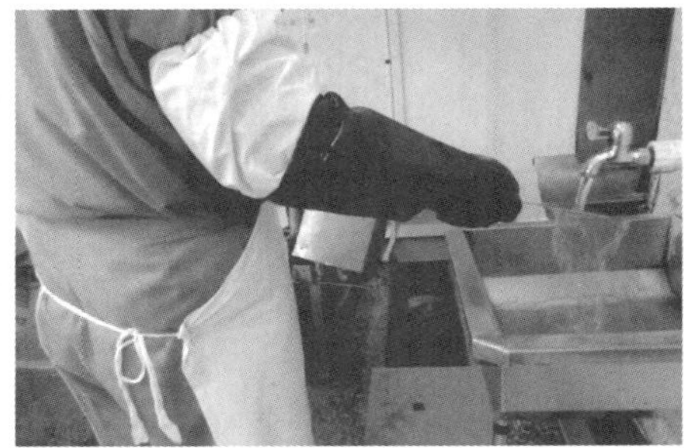
图5－15　刀具冲洗

注意：下刀部位要准确，防止刀具交叉污染。

四、剥　　皮

【标准原文】

5.4　剥皮

5.4.1　挑裆

用刀尖从兔左后肢跗关节处挑划后肢内侧皮，继续沿裆部划至右后肢跗关节处。

5.4.2　去左后爪

从兔左后肢跗关节上方处剪断或割断左后爪。

5.4.3　挑腿皮

用刀尖从兔右后肢跗关节处挑断腿皮，将右后腿皮剥至尾根部。

5.4.4　割尾

从兔尾根部内侧将尾骨切开，保持兔尾外侧的皮连接在兔皮上。

5.4.5　割腹肌膜

用刀尖将兔皮与腹部之间的肌膜分离，不得划破腹腔。

5.4.6　去前爪

从前肢腕关节处剪断或割断左、右前爪。

5.4.7　扯皮

握住兔后肢皮两侧边缘，拉至上肢腋下处，采用机械或人工方法扯下兔皮。

【内容解读】

本条款规定了挑裆、去左后爪、挑腿皮、割尾、割腹肌膜、去前爪和扯皮等工序的要求。

1. 挑裆

挑裆是操作人员先用刀从左后肢跗关节处挑划开后肢内侧皮，再继续沿裆部划至右后肢跗关节处的过程。跗关节是连接兔爪和兔腿的关节，在此处下刀便于后续工序剥皮和保持兔皮的完整性。

2. 去左后爪

目前，兔屠宰企业去兔爪方式有机械割断和人工剪断 2 种。人工去爪时，操作人员手握左后爪从跗关节下刀。原因是，跗关节是连接兔爪和兔腿的关节，在此处割断或剪断，便于后续工序剥皮和保持兔腿、兔皮的完整性。

3. 挑腿皮

挑腿皮是从右后肢跗关节处将腿皮挑断的过程，是为后续剥皮工序做准备。因为跗关节是连接兔爪和兔腿的关节，在此处挑断腿皮，便于保持兔皮的完整性和后续工序操作。

4. 割尾

割尾是操作人员用刀具切断尾骨的过程，为后续剥皮工序做准备。操作人员先用刀从兔尾根部内侧将尾骨切开，保持兔尾外侧的皮仍连接在兔皮上。这样操作有利于保持兔皮的完整性。

5. 割腹肌膜

割腹肌膜是将兔皮与腹部肌膜剥离的过程。操作人员用刀尖将兔皮与腹部之间的肌膜分离，能有效防止兔腹部肌肉撕裂。在割腹肌膜操作过程中，不得划破腹腔，防止内容物溢出污染屠体，确保产品质量。

6. 去前爪

去前爪是割除兔前爪的过程。目前有机械割断和人工剪断 2 种去爪方法。操作人员手握前爪，从前肢腕关节稍上方割断或剪断前爪，操作方便，便于保证兔前腿的完整性。

7. 扯皮

扯皮是将兔皮完全剥离的过程。扯皮需要经过 2 个步骤：第一步，双手握住兔后肢皮张的两侧边缘向下拉至腋下；第二步，使用机械或人工方法将兔皮扯下。该方法是我国兔屠宰厂普遍采用的一种方法，既省力，又避免了带皮和不带皮兔体间的交叉污染。

【实际操作】

1. 挑裆

操作人员用手握住兔的左后肢，用刀尖从左后肢跗关节处挑划后肢内侧皮，继续沿裆部划至右后肢跗关节处（图 5－16、彩图 6）。

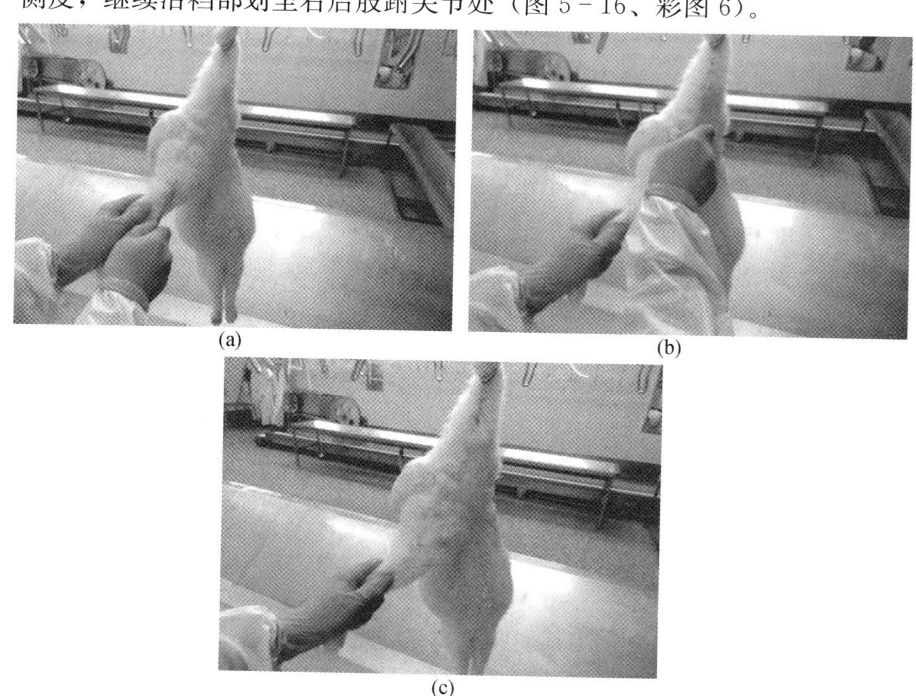

(a) (b) (c)

图 5－16 挑裆

挑裆操作过程中不应挑破腿部肌肉，以确保兔腿、兔皮的完整性。刀具使用后，逐只冲洗，用 82 ℃以上的热水消毒后循环使用。

2. 去左后爪

操作人员一手握住兔的左后肢（图 5－17、彩图 7），一手用刀具从左后肢跗关节上方处人工或机械剪断或割断左后爪（图 5－18），将剪下的左后爪放入专门的容器中（图 5－19）。

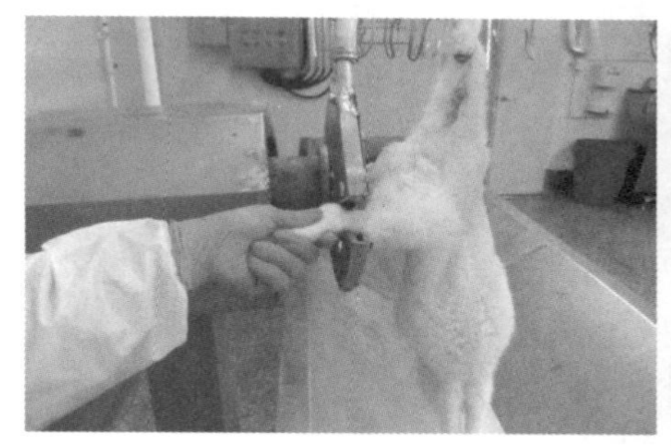

图 5－17　机械去左后爪

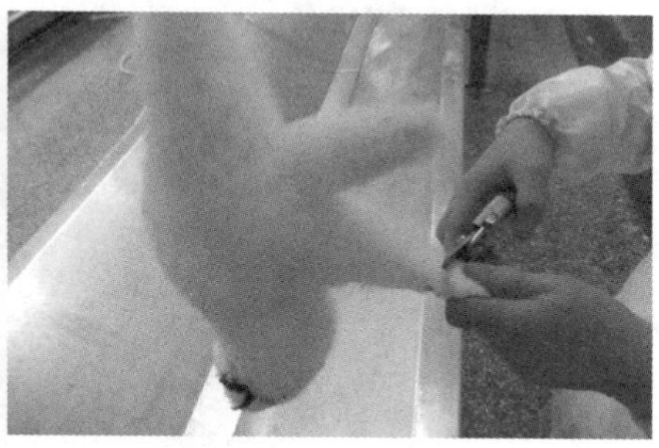

图 5－18　人工去左后爪

图 5－19　兔爪收集

刀具使用后逐只冲洗，用 82 ℃以上的热水消毒后循环使用。

注意：去爪部位要准确。操作过程要对手、刀具、设备进行冲洗和消毒，避免造成污染。机械设备操作时，注意安全。

3. 挑腿皮

操作人员用手捏住右后肢跗关节的腿皮，用刀尖从右后肢跗关节处挑断腿皮（图 5－20、彩图 8），顺势用手下拉剥至尾根部。下拉时，用力不要过猛，以防撕破腿部肌肉。

操作时，避免兔皮污染腿部肌肉。在操作过程中，要做好手、刀具的冲洗和消毒工作，以免造成污染。

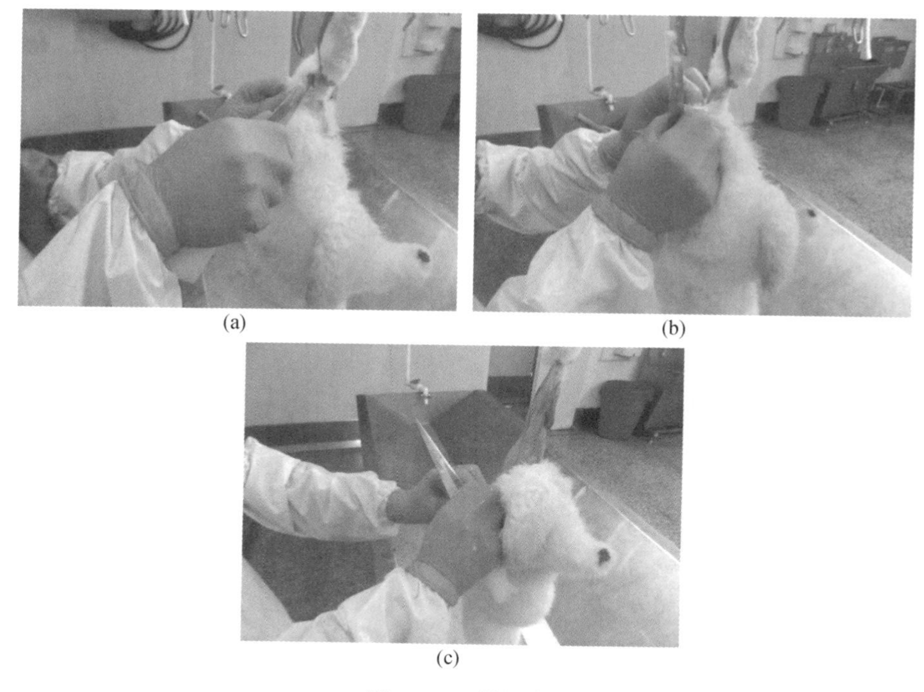

(a) (b) (c)

图 5-20　挑腿皮

4. 割尾

操作人员一手握住臀部的毛及兔尾，翻转手腕，使尾根皮露出与躯体分开（图 5-21）。

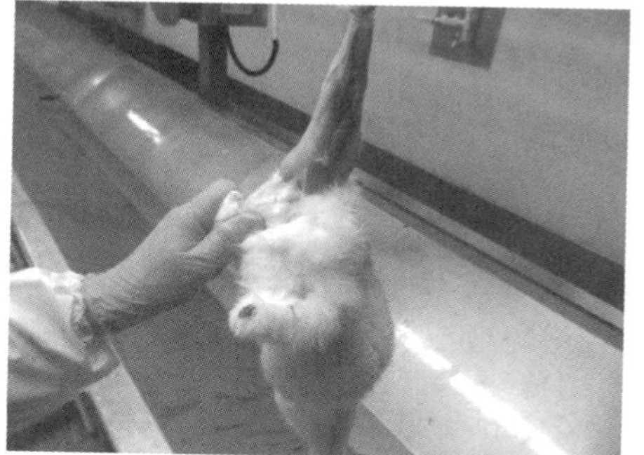

图 5-21　割尾准备

另一手用刀从兔尾根部内侧将尾骨切开，兔尾连在兔皮上，把尾部皮顺势拉下与腿皮一起向外翻，为割肌膜做好准备（图 5-22、彩图 9）。

注意：刀具使用后逐只冲洗，用 82 ℃以上的热水消毒后循环使用。避免兔毛污染兔体。

5. 割腹肌膜

操作人员先用手捏住腹中裆将皮拉起，用刀尖将兔皮与腹部之间的肌膜分离，划至中部位置，以便于扯皮（图 5-23、彩图 10）。

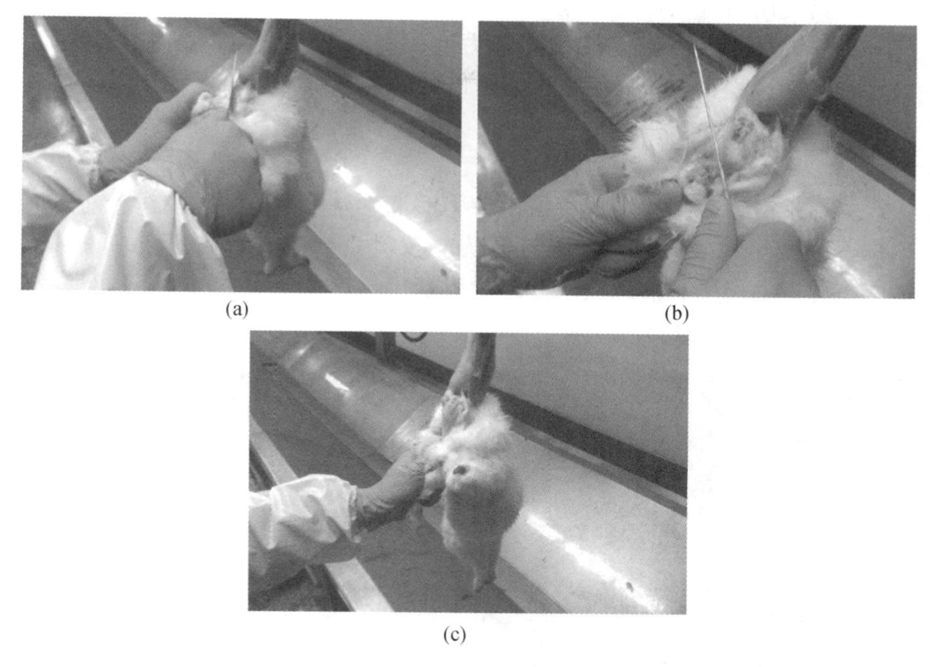

(a) (b) (c)

图 5 - 22 割尾

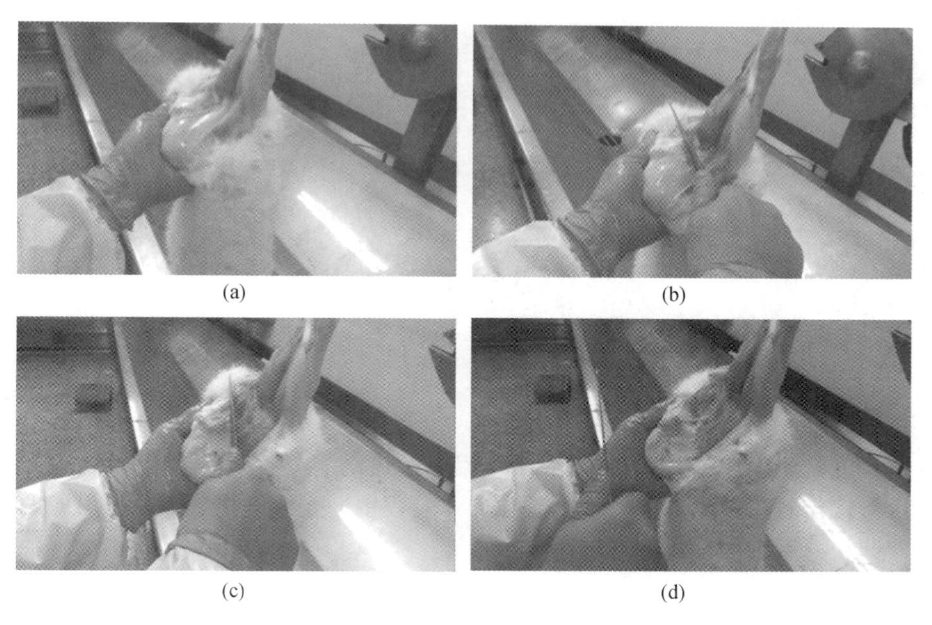

(a) (b) (c) (d)

图 5 - 23 割腹肌膜

刀具使用后逐只冲洗，用 82 ℃以上的热水消毒后循环使用。

操作人员要注意下刀的尺度和力度，避免划破腹腔，防止内容物溢出。在操作过程中，要做好手、刀具的冲洗和消毒工作，以免造成污染。

6. 去前爪

去前爪时，采用人工或机械设备去前爪。操作人员一手握住兔前爪下端位置（图 5－24），另一手用刀具从前肢腕关节处剪断或割断左、右前爪。将剪下的左、右前爪放入专门的容器中，以便于运输（图 5－25、彩图 11，图 5－26，图 5－27）。

图 5－24　去前爪准备

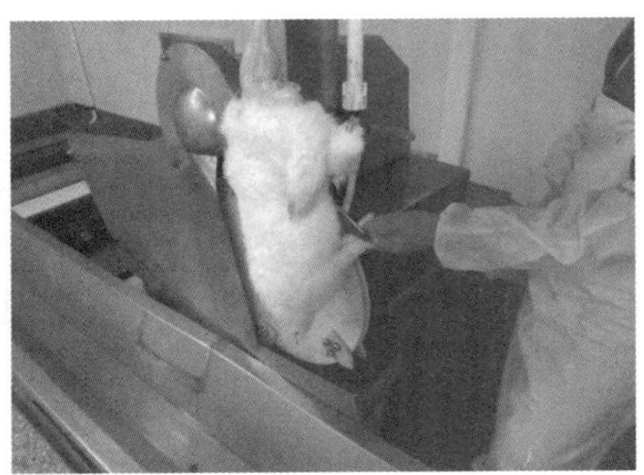

图 5－25　机械去前爪

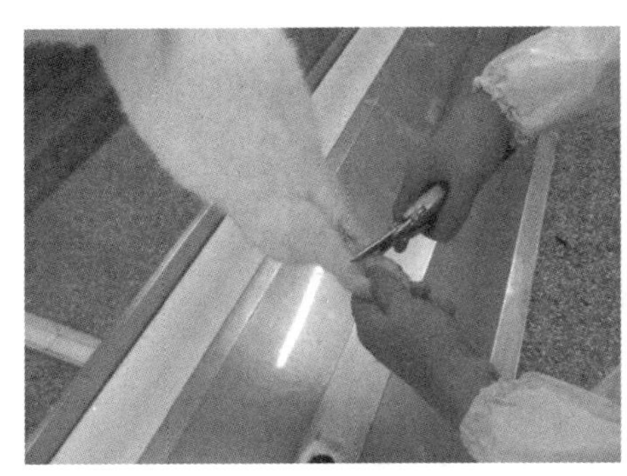

图 5－26　人工去前爪

图 5－27　兔爪收集

刀具使用后逐只冲洗，用 82 ℃以上的热水消毒后循环使用。

操作时，去爪部位要准确。在操作过程中，要做好手、刀具、设备的冲洗和消毒工作，以免造成污染。

7. 扯皮

目前，扯皮采用人工扯皮和机械扯皮 2 种方法。

（1）人工扯皮　分两步进行。第一步，操作人员双手分别握住兔后肢皮张的两侧边缘，顺势将皮下拉至前肢腋下处；第二步，操作人员双手握住兔皮，用力下拉将兔皮扯下。下拉时用力不要过猛，以免晃动造成交叉污染。将扯下的兔皮放入专用容器中（图 5－28、彩图 12，图 5－29）。

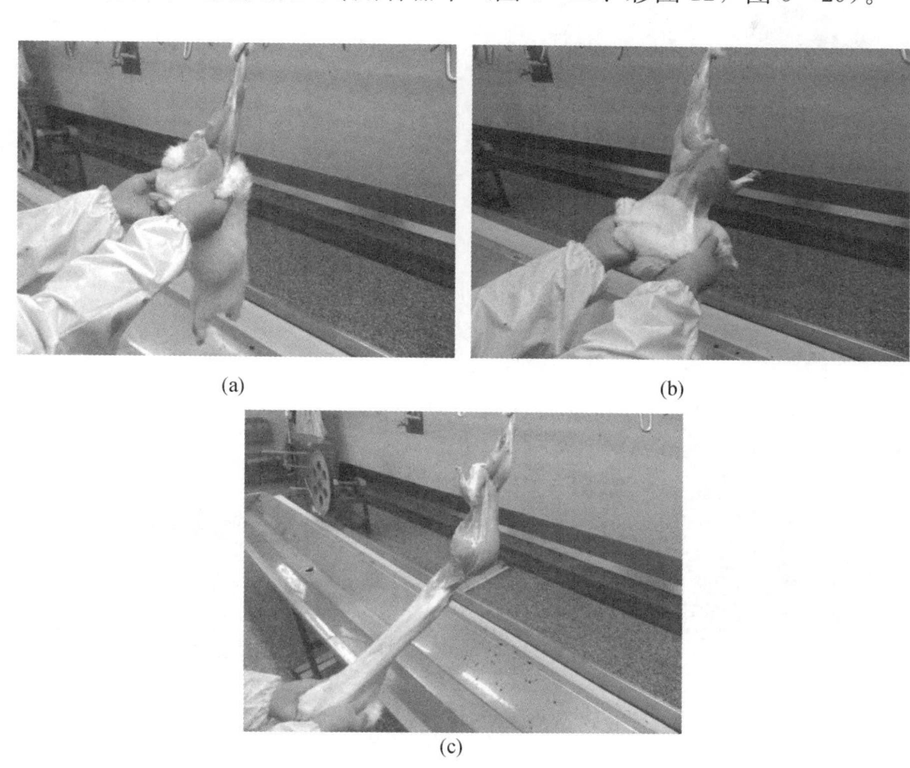

(a)　(b)

(c)

图 5－28　人工扯皮

（2）机械扯皮　分两步进行。首先，操作人员双手分别握住兔后肢皮张的两侧边缘，顺势将皮拉至前肢腋下处（图 5－30）。

图 5－29　皮张收集

然后，用机器将兔皮扯下，通过传送带运出车间进行处理（图 5－31，图 5－32）。扯皮过程应避免交叉污染。

在扯皮过程中，操作人员的手应用长流水冲洗，防止污染（图 5－33）。

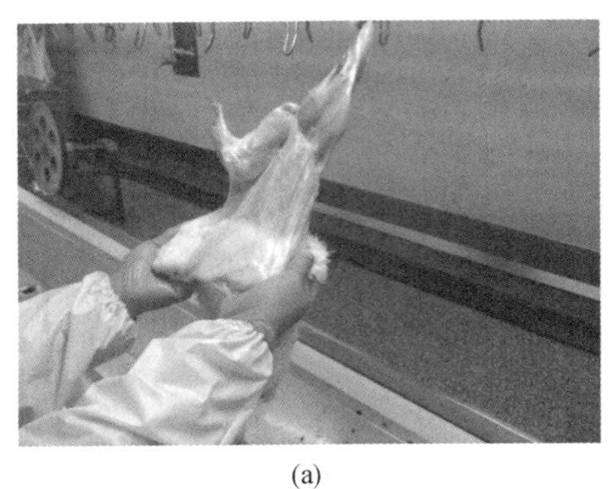

(a)

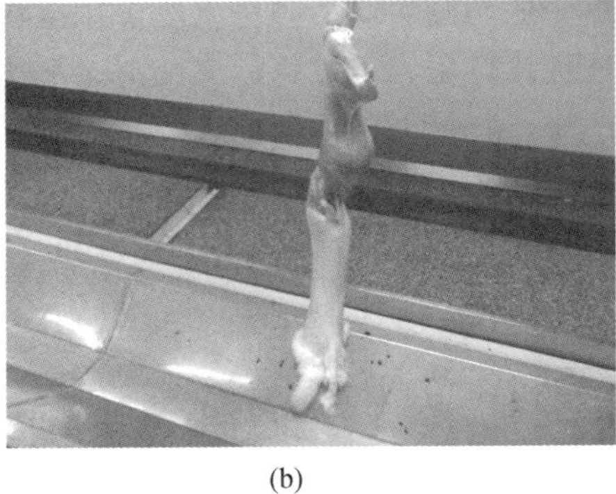

(b)

图 5－30　机械扯皮准备

(a)

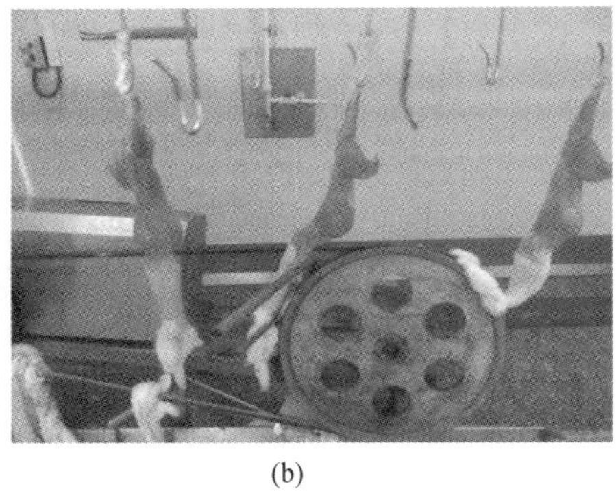

(b)

图 5－31　机械扯皮

图 5－32　机械扯皮运送

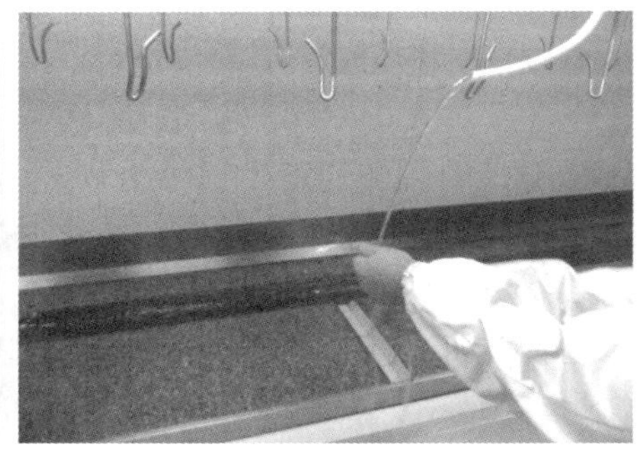

图 5－33　去皮冲洗手

注意： 扯皮过程应避免屠体晃动，以免造成已扯皮和未扯皮屠体间交叉污染。在操作过程中，要做好手、设备的冲洗和消毒工作，以免造成污染。

五、去 内 脏

【标准原文】

5.5　去内脏

5.5.1　开膛

割开耻骨联合部位，沿腹部正中线划至剑状软骨处，不得划破内脏。

5.5.2　掏膛

固定脊背，掏出内脏，保持内脏连接在兔屠体上。

5.5.3　净膛

将心、肝、肺、胃、肾、肠、膀胱、输尿管等内脏摘除。

【内容解读】

本条款规定了兔去内脏操作的要求。

1. 开膛

开膛是用刀具将耻骨联合部位割开，再顺势用刀沿腹部正中线划至剑状软骨处，划开腹腔的过程。开膛后便于取出内脏。

2. 掏膛

掏膛是将心、肝、肺、胃、肠、膀胱、输尿管等内脏从胸腔、腹腔取出的过程。操作人员一手捏住脊背，防止兔屠体晃动造成交叉污染；另一手将心、肝、肺、胃、肠、膀胱、输尿管等内脏从胸腔、腹腔取出，保持内脏仍连接在兔屠体上，以便宰后检验检疫。

3. 净膛

净膛是将心、肝、肺、胃、肾、肠、膀胱、输尿管等内脏从兔屠体摘除的过程。在摘除心、肝、肺等内脏时，因肾脏所在部位的原因，不能与内脏同时摘除，故多数兔屠宰厂会设置专门工序摘除肾脏。

【实际操作】

1. 开膛

操作人员一手握住兔左后腿，一手持刀先分开趾骨联合部位，顺势用刀沿腹部正中线划至剑状软骨处，下刀不宜太深，以免划破脏器造成污染

（图 5－34、彩图 13）。开膛后，随即用手将直肠拉下，为掏膛做好准备（图 5－35）。刀具逐只使用后冲洗，使用 82 ℃以上的热水消毒后循环使用。

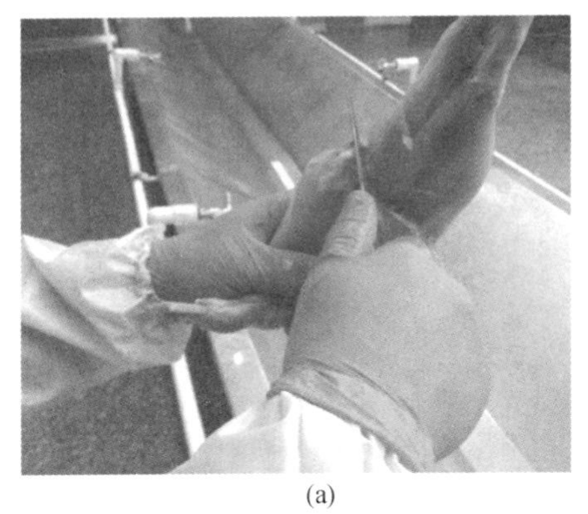
(a)

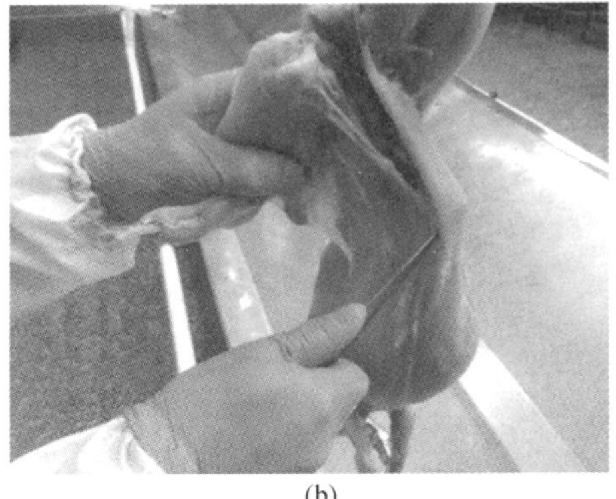
(b)

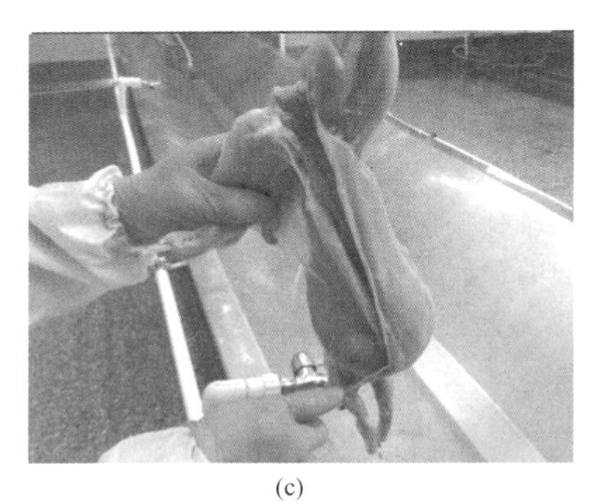
(c)

图 5－34　开膛

开膛时，下刀部位要准确。操作过程要做好手、刀具、设备的冲洗和消毒，避免造成污染。如不慎出现污染，应将屠体及时摘离生产线处理。

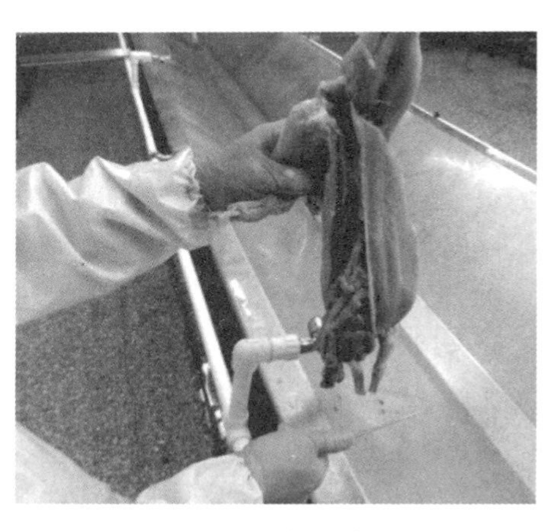
图 5－35　拉出直肠

2. 掏膛

掏膛时，操作人员一手捏住兔脊背，固定屠体［图 5－36（a）］。一手用拇指与食指抠破横膈膜，依次掏出腹腔、胸腔中的

器官［图5-36（b）、彩图14］。掏出的内脏仍连接在兔屠体上，为检验检疫做准备［图5-36（c）］。

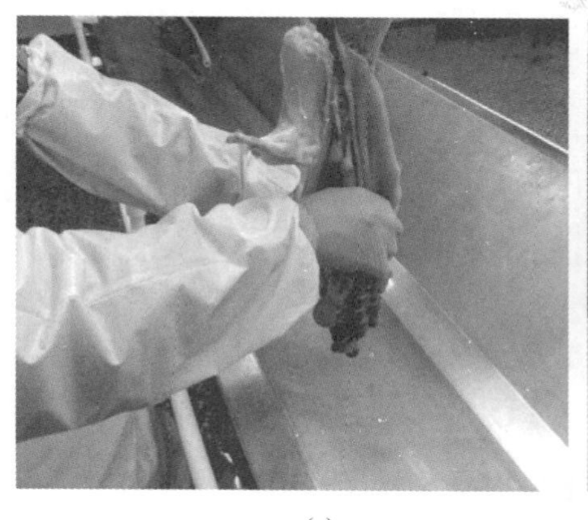

(a)

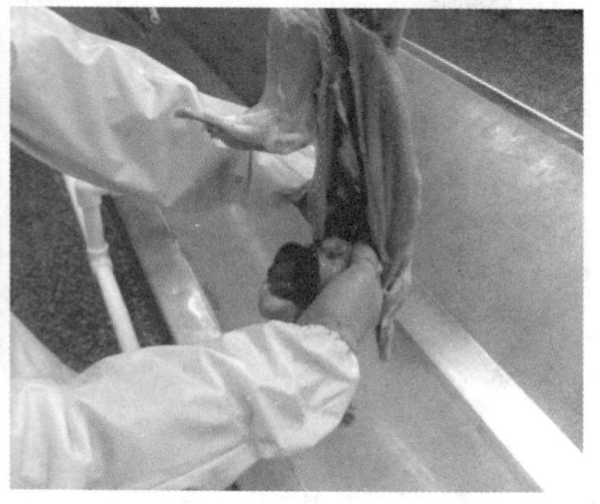

(b)

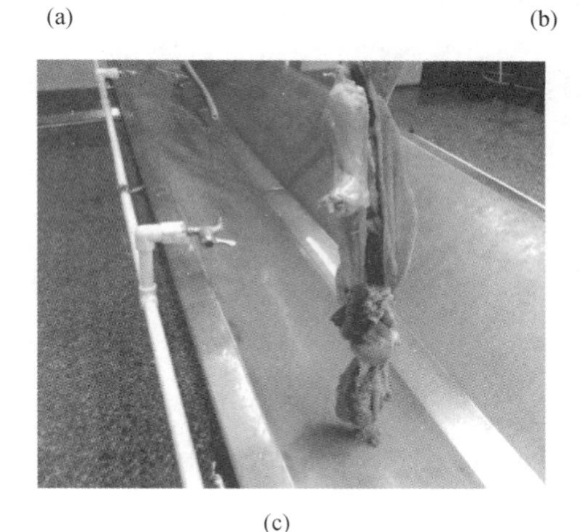

(c)

图5-36 掏膛

逐只冲洗手，避免造成交叉污染。

掏膛时，注意避免掏破内脏，造成污染。在操作过程中，要做好手的冲洗和消毒工作，以免造成污染。出现污染的屠体应及时摘离生产线进行处理。

3. 净膛

净膛时，操作人员一手握住兔颈部位置使其固定，另一手将检验检疫合格的心、肝、肺、胃、肠、膀胱、输尿管等内脏从兔体上摘除，输送至副产品处理间进行整理（图5-37，图5-38、彩图15）。

去肾脏时，操作人员一手固定兔体，另一手抓住两兔肾向上提起，将手平铺并翻转，便于取下兔肾。然后，用刀具或其他工具顺势取下左右肾脏，放入专门容器中，运送到副产品处理间进行处理（图 5－39、彩图 16）。

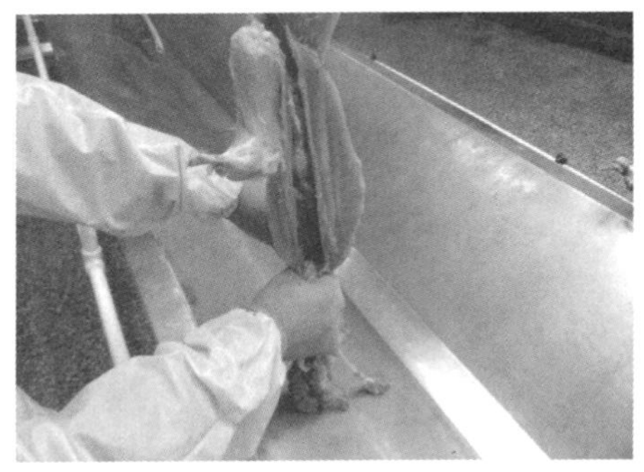

图 5－37　净膛（去内脏前）

图 5－38　净膛（去内脏后）

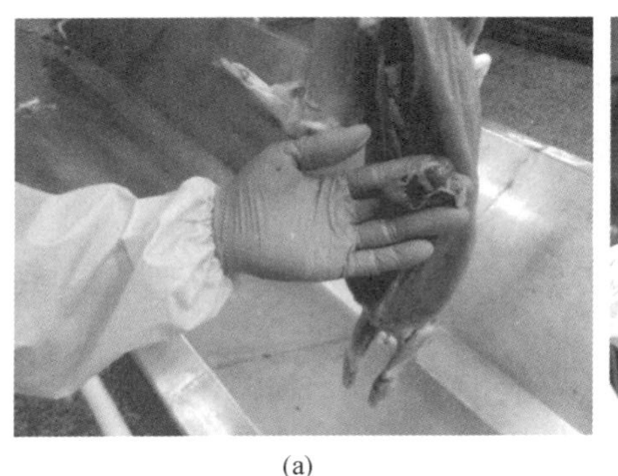

(a)

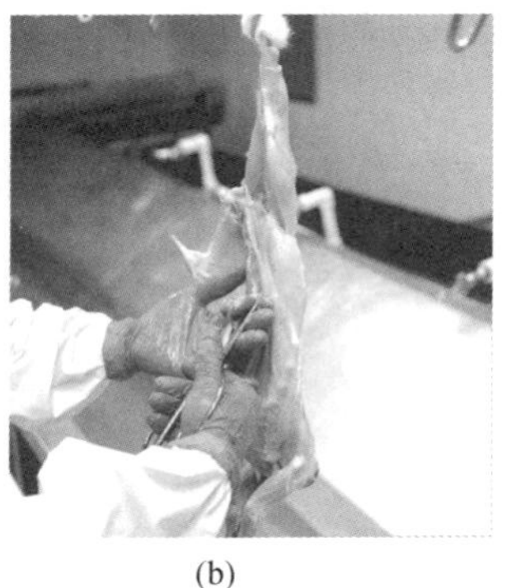

(b)

图 5－39　肾脏摘除

操作完成后，操作人员应立即对手、刀具进行冲洗，刀具用 82 ℃以上的热水消毒后循环使用。

净膛时，避免掏破内脏，污染胴体。在操作过程中，要做好手的冲洗和消毒工作，以免造成污染。

六、检验检疫

【标准原文】

5.6　检验检疫

同步检验按照 NY 467 的要求执行，检疫按照农医发〔2018〕9 号的要求执行。

【内容解读】

本条款规定了兔屠宰检验检疫的要求。

宰后检验检疫是宰前检验检疫的继续和补充，是对胴体、胴体分割后各部位组织、器官依照有关规定进行的疫病检验和卫生质量评定，是保证肉品卫生质量的重要环节。

《畜禽屠宰卫生检疫规范》（NY 467）规定了畜禽屠宰检疫的宰前检疫、宰后检疫及检疫检验后处理的技术要求。

按照《兔屠宰检疫规程》（农医发〔2018〕9 号）的相关要求进行宰后检疫。检疫时，应满足体表检查、内脏检查和异常处理的要求。《食品安全国家标准　畜禽屠宰加工卫生规范》（GB 12694—2016）规定："宰后对畜禽头部、蹄（爪）、胴体和内脏（体腔）的检查应按照国家相关法律法规、标准和规程执行。""在畜类屠宰车间的适当位置应设有专门的可疑病害胴体的留置轨道，用于对可疑病害胴体的进一步检验和判断。"目前，兔屠宰检验检疫主要按照 NY 467 和《兔屠宰检疫规程》的要求执行。同时，因有些兔屠宰厂的产品是对外出口的，国内外对检验检疫有不同的要求，各屠宰厂生产时可根据不同出口国家或地区的要求开展。

【实际操作】

由将垂挂在链条上的屠体及内脏按照《畜禽屠宰卫生检疫规范》（NY 467）、《食品安全国家标准　畜禽屠宰加工卫生规范》（GB 12694）和《兔屠宰检疫规程》（农医发〔2018〕9 号）的相关要求进行宰后检疫（图 5－40 至图 5－42），检疫内容包括：

图 5－40　检验检疫

图 5－41　宰后检验检疫工具冲洗

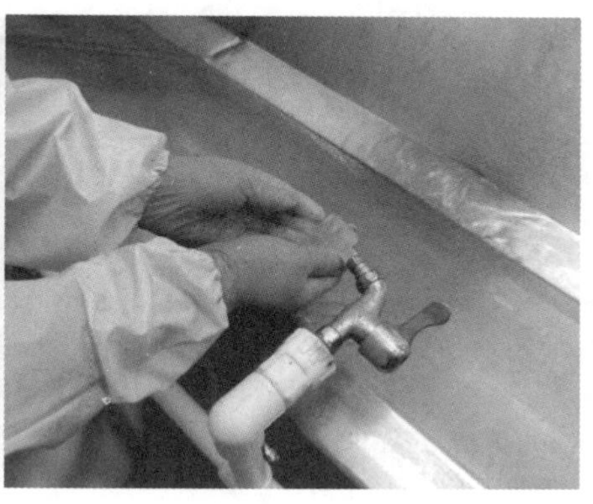

图 5－42　宰后检验检疫手部冲洗

1. 体表检查

观察胴体体表，检查部位包括四肢内外侧、颈背部、腹侧、臀部，注意胴体脂肪颜色以及各主要淋巴结。双手固定胴体，首先，观察四肢内外侧有无创伤、脓肿；然后，翻转胴体，视检颈背部、四肢、腹侧及臀部有无病变，同时视检胴体颜色以及各主要淋巴结有无肿胀、出血、坏死、溃疡等病变（图 5－43、彩图 17）。

图 5－43　体表检查

2. 内脏检查

（1）肾脏检查　观察肾脏大小、颜色和形状。必要时，用手钝性分离肾脏。检查肾脏是否有淤血、肿大或脓肿，表面是否有出血点，粟粒大小灰黄色坏死灶，灰白色或暗红色、质地较硬、大小不一的肿块（肿瘤或先天性囊肿）和凹陷病灶。必要时，可剥离被膜和切开肾脏观察皮质和髓质有无病变（图 5－44）。

图 5－44　内脏检查

（2）肝脏检查　观察肝脏大小、色泽，注意有无肿大出血、脓肿和灰白色坏死灶、白色病灶、黄白色结节或水疱样病灶；观察胆囊、胆管有无病变或寄生虫，触检肝脏的硬度（图 5－44）。

（3）心脏检查　直接观察心脏形态、色泽、大小等有无变化。观察心包腔内有无积液、有无粘连或纤维蛋白性渗出物附着。必要时，可切开心包膜，检查心脏内外膜有无出血等病变。

（4）肺脏及支气管检查　观察肺脏形态、色泽、大小等有无异常变化，是否有淤血、出血、水肿、肝变、化脓、结节等病变。发现异常时，直接剔除并移至可疑病兔检疫轨道，进行综合检验检疫；观察气管黏膜处有无可见淤血或弥漫性出血，是否有泡沫状血色分泌物等情况（图 5－44、彩图 18）。

（5）肠道检查　检查十二指肠肠壁有无增厚、内腔扩张和黏膜炎症；小肠内有无充满气体和大量微红色黏液；肠黏膜有无充血、出血、结节等情况（图 5－45、彩图 19）。

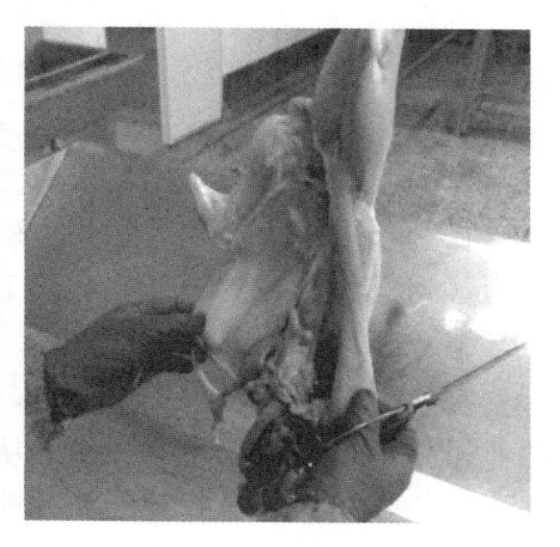

图 5－45　肠道检查

3. 异常处理

检验检疫发现异常的，剔除并移至可疑轨道；对确实不能食用的放入密闭容器，由官方兽医出具检疫处理通知单，在官方兽医监督下按照《病死及病害动物无害化处理技术规范》进行无害化处理（图 5－46）。

图 5－46　可疑病兔检验检疫台

七、修　　整

【标准原文】

5.7　修整

5.7.1　修去生殖器及周围的腺体、淤血、污物等。

5.7.2　从兔右后肢跗关节处剪断或割断右后爪。

5.7.3　对后腿部残余皮毛进行清理。

【内容解读】

本条款规定了去生殖器及周围腺体、去右后爪和兔胴体修整的要求。

修整是先去除兔屠体上的生殖器及周围腺体以及右后爪，然后去除胴体上淤血、污物和后腿部残余皮毛等不洁物的过程，是保证产品品质的重要环节。

在生产过程中，割去右后爪，即完成了兔屠宰的工序。目前，去爪方法有机械割爪和人工剪断2种。从右后肢跗关节处割断或剪断右后爪，以便于操作，能保证兔后腿的完整性。

《食品安全国家标准　畜禽屠宰加工卫生规范》（GB 12694—2016）7.4中规定："被脓液、渗出物、病理组织、体液、胃肠内容物等污染物污染的胴体或产品，应按有关规定修整、剔除或废弃。"

【实际操作】

1. 去生殖器及周围的腺体

操作人员一手握住兔屠体后腿，使其固定，一手用刀具修净耻骨附近（肛门周围）的腺体和结缔组织、生殖器官等（图5－47）。

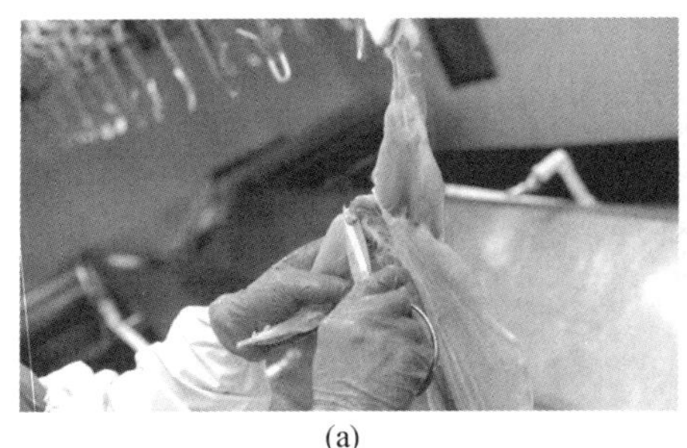
(a)

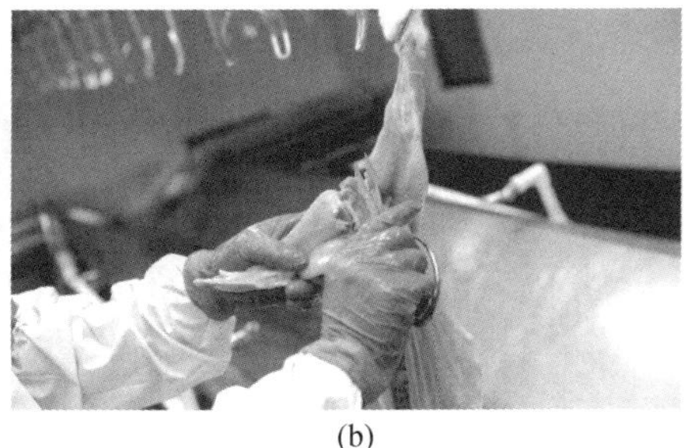
(b)

图5－47　去生殖器及腺体

2. 去右后爪

去右后爪时，可采用人工或机械方法操作。人工操作时，一手握住兔屠体腰部位置使其固定，另一手使用刀具，从右后肢跗关节处剪断，将兔胴体转入下道工序（图 5－48，图 5－49）。

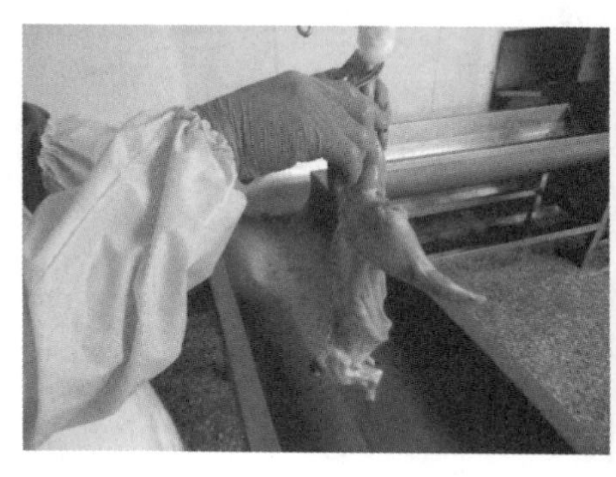

图 5－48　人工去右后爪

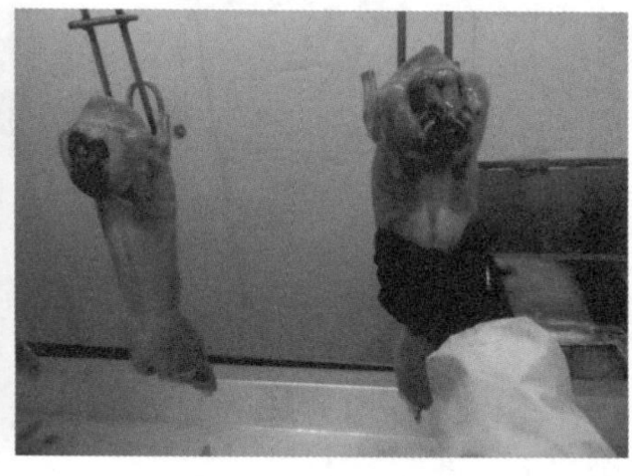

图 5－49　人工去右后爪挂兔

机械去爪时，用机械设备从兔右后肢跗关节处割断，将兔胴体转入下道工序（图 5－50、彩图 20，图 5－51）。

图 5－50　机械去右后爪

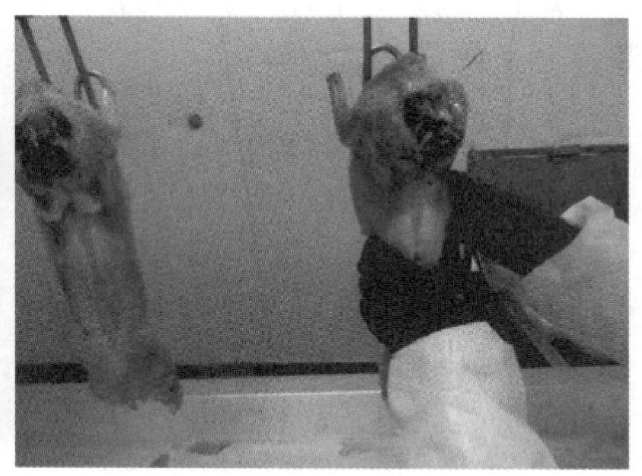

图 5－51　机械去右后爪挂兔

3. 去淤血

操作人员将兔体表面积较小的淤血去除，并修整。对于淤血面积较大的胴体，应摘离屠宰生产线进行单独处理（图 5－52、彩图 21）。

4. 去污物

操作人员去除附在胴体表面的肉眼可见的浮毛和杂质等（图 5－53）。

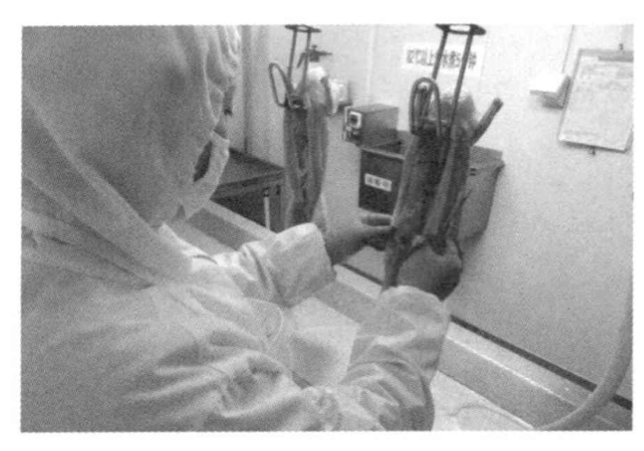

图 5－52　去淤血

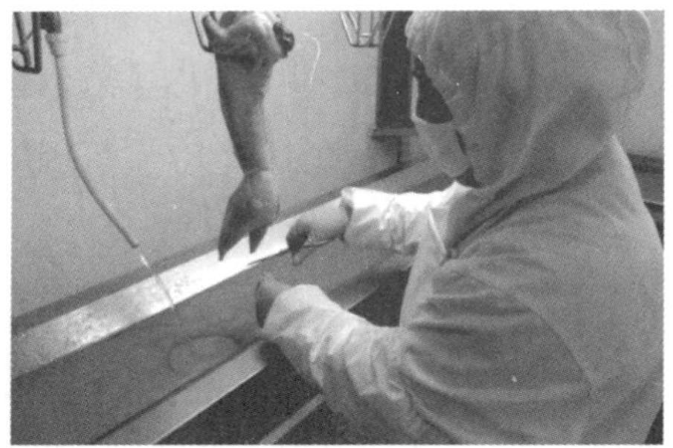

图 5－53　去污物

5. 去后腿部残余皮毛

操作人员用刀具清理后腿部残余皮毛（图 5－54）。

操作完成后，刀具逐只进行冲洗，使用 82 ℃以上的热水消毒后循环使用。

注意： 要修整干净，操作过程中避免交叉污染。

图 5－54　去残毛

八、挂 胴 体

【标准原文】

5.8　挂胴体

将需要冷却的兔胴体悬挂在预冷链条的挂钩上。

【内容解读】

本条款规定了挂胴体的操作要求。

挂胴体是将兔胴体悬挂在预冷链条上的过程。根据工艺要求，将需要进行冷却的兔胴体胸腔部悬挂在输送线的挂钩上。目前，多数屠宰厂采用风冷工艺，兔胴体需悬挂在链条上进行预冷。

【实际操作】

操作人员握住兔胴体腰部位置，将兔胴体的胸腔部悬挂在预冷输送线

的挂钩上进入预冷间（图5－55、彩图22）。

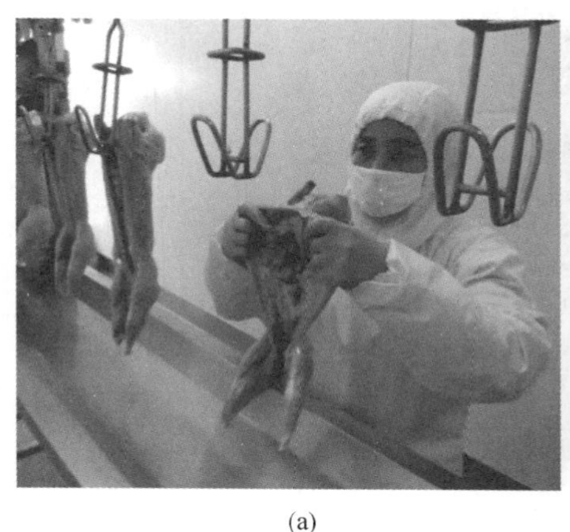
(a)

(b)

图5－55　挂胴体

注意：要将胴体挂牢固。操作过程避免交叉污染。

九、喷淋冲洗

【标准原文】

5.9　喷淋冲洗

对胴体进行喷淋冲洗，清除胴体上残余的毛、血和污物等。

【内容解读】

本条款规定了喷淋冲洗的操作要求。

喷淋冲洗是使用洁净水冲洗胴体，冲去胴体上的兔毛、血和污物等异物的过程。喷淋冲洗是减少兔胴体污染的重要措施。在生产加工过程中，由于操作不当和消毒不彻底等原因可能存在二次污染、残留兔毛和其他杂质等情况，通过喷淋冲洗可减少微生物及杂质残留量。

【实际操作】

操作人员检查喷淋水压和喷淋设备卫生状况，对挂在预冷链条上的兔胴体进行喷淋冲洗，冲洗掉胴体上沾着的毛、血和污物等（图5－56、彩图23）。

操作时，注意水压和喷淋角度。工作完成后彻底清理喷淋装置，确保喷淋装置的清洁卫生。

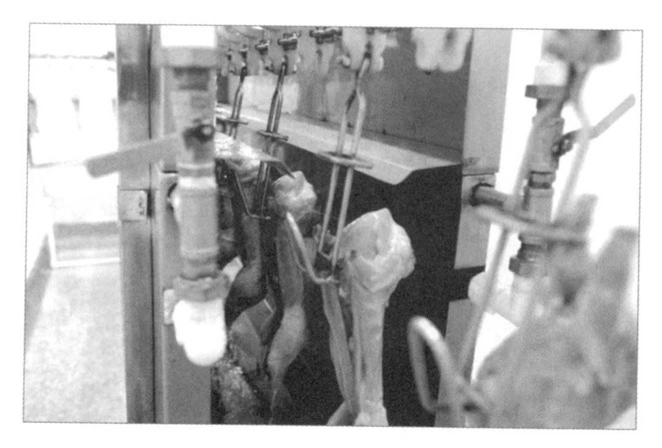

图 5-56 喷淋

十、胴体检查

【标准原文】

5.10 胴体检查

检查有无粪便、胆汁、兔毛、其他异物等污染。应将污染的胴体摘离生产线，轻微污染的，对污染部位进行修整、剔除；严重污染的，收集后做无害化处理。

【内容解读】

本条款规定了兔胴体检查的要求。

胴体检查是为了避免不合格的胴体进入下道工序，确保产品质量和安全。目前，屠宰厂主要采用感官检验法，检查胴体有无粪便、胆汁、其他异物等污染，保证兔胴体进入下道工序前全部合格。在检查过程中，如发现兔胴体污染则摘离生产线。轻微污染的，对污染部位进行修整、剔除或废弃；严重污染的，则应全部废弃。

《食品安全国家标准 畜禽屠宰加工卫生规范》(GB 12694—2016) 7.2 中规定："应在适当位置设置检查岗位，检查胴体及产品卫生情况。" 7.3 中规定："应采取适当措施，避免可疑病害畜禽胴体、组织、体液(如胆汁、尿液、奶汁等)、肠胃内容物污染其他肉类、设备和场地。已经污染的设备和场地应进行清洗和消毒后，方可重新屠宰加工正常畜禽。" 7.4 中规定："被脓液、渗出物、病理组织、体液、胃肠内容物等污染物污染的胴体或产品，应按有关规定修整、剔除或废弃。"

【实际操作】

操作人员目测检查兔胴体是否有污染，如粪便、胆汁、其他异物等，防止不合格的产品进入下道工序（图 5－57、彩图 24）。

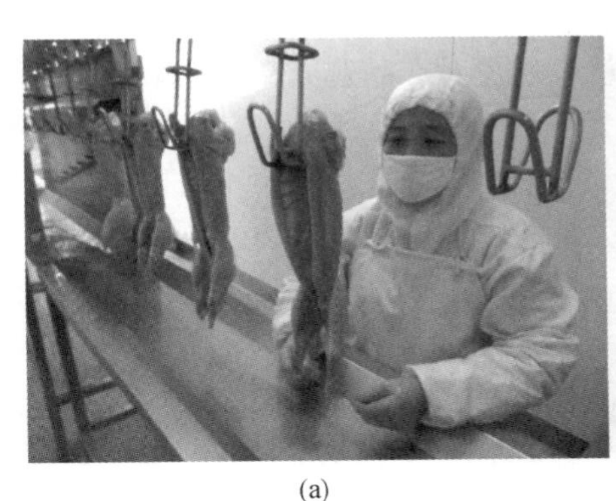

(a)

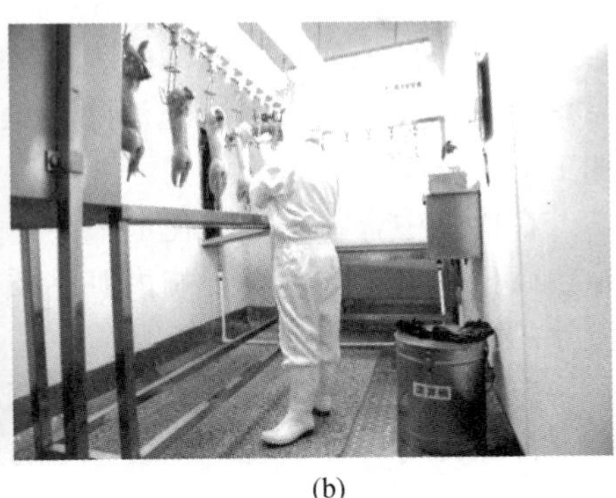

(b)

图 5－57 胴体检查

被污染的兔胴体应摘离生产线，根据受污染程度进行处理。轻微污染的，对污染部位进行修整、剔除或废弃；严重污染的，应全部废弃。操作完成后，操作人员立即对手、刀具进行冲洗，刀具用 82 ℃以上的热水消毒后循环使用。

注意：检验岗位的光照度应达到 540 lx 以上。

十一、副产品整理

【标准原文】

5.11 副产品整理

5.11.1 副产品在整理过程中不应落地。

5.11.2 副产品应去除污物，清洗干净。

5.11.3 内脏、兔头等加工时应分区。

【内容解读】

本条款规定了副产品整理的操作要求。

兔的副产品整理是依据生产实际情况和客户的需要，对兔头、副产品进行整理，增加产品的附加值和利用率，提高屠宰企业的经济效益。《食品安全国家标准 畜禽屠宰加工卫生规范》（GB 12694—2016）中对食用副产品和非食用副产品作了区分。食用副产品是指“畜禽屠宰、加工后，所得内脏、脂、血液、骨、皮、头、蹄（或爪）、尾等可食用的产品”，非食用副产品是指“畜禽屠宰、加工后，所得毛皮、毛、角等不可食用的产品”。

《食品安全国家标准　畜禽屠宰加工卫生规范》（GB 12694—2016）7.5中规定：“加工过程中使用的器具（如盛放产品的容器、清洗用的水管等）不应落地或与不清洁的表面接触，避免对产品造成交叉污染；当产品落地时，应采取适当措施消除污染。”副产品加工过程，应满足不落地加工的要求。

在内脏中，特别是消化道中存在大量的内容物和微生物。兔体余温会导致微生物大量繁殖而影响内脏品质，故对检验合格的内脏应快速整理，清除内脏内容物，保证内脏品质。

在兔屠宰过程中，对可食用副产品处理主要有3种方式：一是对心、肝、肾进行清洗、整理；二是将胃剖开，去除污物，清洗干净；三是对兔头进行剥皮、清洗。非食用副产品可用作加工肥料或动物饲料。

【实际操作】

1. 整理兔头

沿兔耳边缘部或下颌部下刀，剥去头部的皮和兔耳。去皮后的兔头，根据大、中、小进行分级，分别放入容器中计量称重（图5－58）。

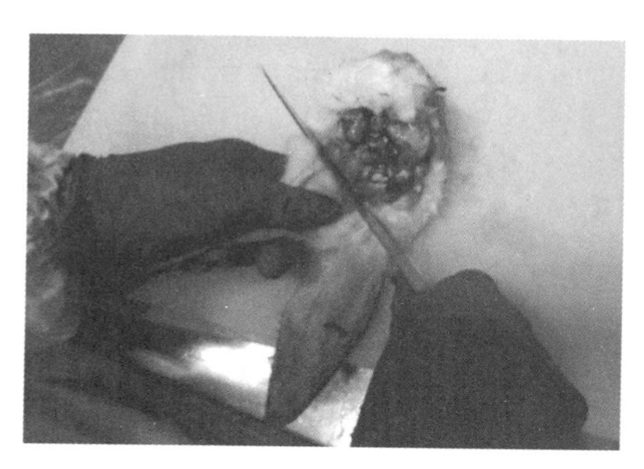

图5－58　兔头剥皮

注意： 操作过程不应落地。分级计量要准确，包装整形要平整、美观。

2. 整理兔心

用手将相连的心、肝、肺分开，取出兔心。用刀具修去兔心周边的脂

肪、血管及残存的包膜等，放入容器。将整理好的兔心装入有内包装的容器中计量称量（图 5 - 59，图 5 - 60）。

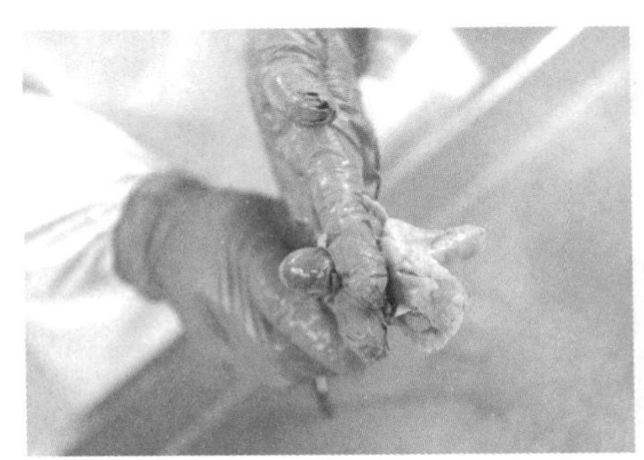

图 5 - 59　兔心摘除

图 5 - 60　兔心

注意：操作过程不应落地。分级计量要准确，包装整形要平整、美观。

3. 整理兔肝

用手将相连的心、肝、肺分开，取出兔肝。用手或工具将胆囊扯去，剔除有病变、出血点或有明显脂肪肝的兔肝。将合格的兔肝放入容器中计量称量（图 5 - 61，图 5 - 62）。

图 5 - 61　去除苦胆

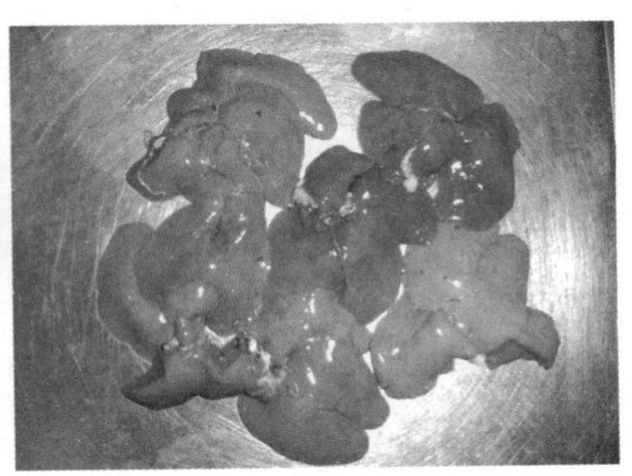

图 5 - 62　兔肝

注意：操作过程不应落地。分级计量要准确，包装整形要平整、美观。

4. 整理兔胃

将兔胃分离后放入塑料筐内，操作人员用手从胃小弯处开口翻转，将胃内容物放入收集桶中，用水清洗兔胃，洗净胃内容物。剔除有病变的兔胃，将胃黏膜向外再次洗净，放入容器中称重。用剪刀将兔胃分为胃头

（即胃与食道的连接处）和胃叶两部分。将整理好的胃头和胃叶分别放入容器中计量称重（图 5－63 至图 5－67）。

图 5－63　清除兔胃内容物

图 5－64　清洗兔胃

图 5－65　清理后的兔胃

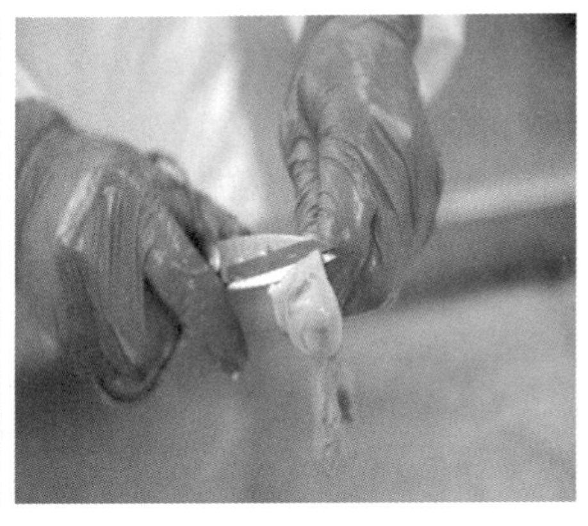

图 5－66　胃头、胃叶分离

注意：胃整形要平整、美观，不得有凹凸现象。

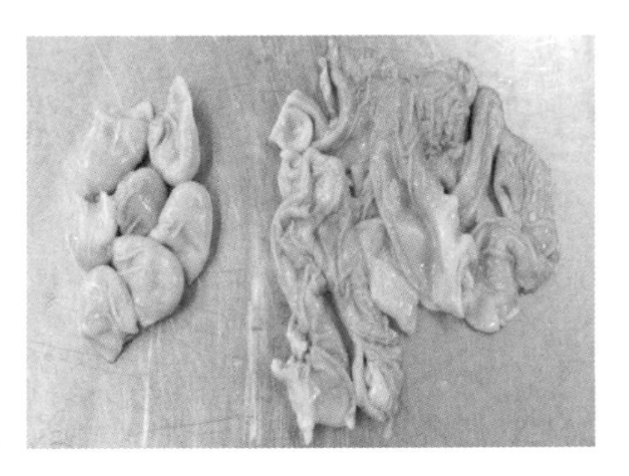

图 5－67　分离后的胃头、胃叶
（左为胃头、右为胃叶）

5. 整理兔肾

将取出的兔肾，用手或刀具修去肾门处的脂肪、输尿管、血管等（允许带肾包膜），擦净血污。剔除有病变的兔肾。将整理好的兔肾放入容器中计量称量（图 5－68，图 5－69）。

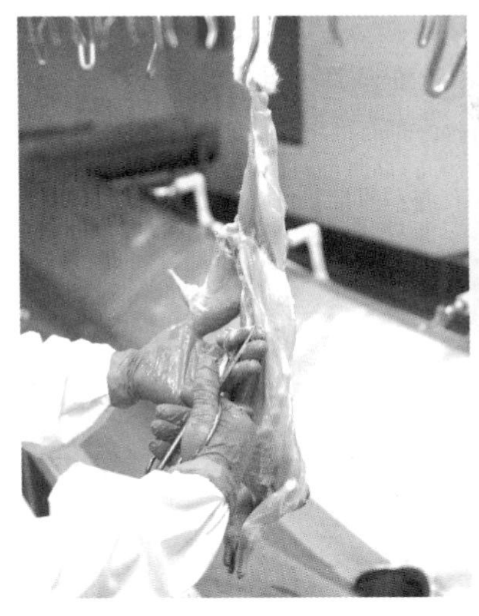

图 5-68　摘除肾脏

图 5-69　兔肾

注意： 操作过程不应落地。修剪要干净，包装整形要平整、美观。

6. 整理兔皮

鲜兔皮的整理主要有冷冻法、盐腌法和干燥法 3 种（图 5-70）。

(1) 冷冻法　将剥下的鲜兔皮直接装入容器中，摆平整，放入 −18 ℃±1 ℃的储存库内储存。

(2) 盐腌法　将剥下的兔皮用刀具自腹部中间线准确剪开，将盐均匀撒布在皮板上，使盐逐渐渗入皮内，达到防腐的目的。

图 5-70　兔皮

(3) 干燥法　一般较少使用。

注意： 整理兔皮时，要保持清洁、完整。冷冻兔皮的储存条件为 −18 ℃±1 ℃。采用盐腌法时，要确保皮张上的盐均匀涂布。

十二、冷　　却

【标准原文】

5.12　冷却

5.12.1　冷却设定温度为 0 ℃～4 ℃，冷却时间不少于 45 min。

5.12.2 冷却后的胴体中心温度应保持在 7 ℃以下。

5.12.3 冷却后副产品中心温度应保持在 3 ℃以下。

5.12.4 冷却后检查胴体深层温度，符合要求的方可进入下一步操作。

【内容解读】

本条款规定了冷却的要求。

1. 冷却温度和时间

冷却是将宰杀后的兔胴体迅速冷却，排除体内的热量，使胴体温度降为 7 ℃以下的过程。通过冷却，能够尽快降低兔胴体温度，减缓微生物生长，保证产品质量，最大限度地延长兔肉的保质期。

《食品安全国家标准　畜禽屠宰加工卫生规范》（GB 12694—2016）4.3.1 中规定："应按照产品工艺要求将车间温度控制在规定范围内。预冷设施温度控制在 0 ℃～4 ℃"；4.3.2 中规定："有温度要求的工序或场所应安装温度显示装置，并对温度进行监控，必要时配备湿度计。温度计和湿度计应定期校准。"

根据风冷操作工艺及兔只大小，冷却时间在 45 min 以上可以使胴体中心温度降到 7 ℃以下。如果达不到规定温度，易造成微生物繁殖，影响产品质量。

2. 冷却后胴体中心温度

冷却后，兔肉的中心温度应保持在 7 ℃以下。《食品安全国家标准　畜禽屠宰加工卫生规范》（GB 12694—2016）7.6 中规定："按照工艺要求，屠宰后胴体和食用副产品需要进行预冷的，应立即预冷。"

3. 冷却后副产品中心温度

冷却后，副产品中心温度应保持在 3 ℃以下。《食品安全国家标准　畜禽屠宰加工卫生规范》（GB 12694—2016）7.6 中规定："按照工艺要求，屠宰后胴体和食用副产品需要进行预冷的，应立即预冷。"

4. 预冷后验证

为了保证冷却后胴体深层温度，避免微生物生长，应对中心温度进行检查。《食品安全国家标准　畜禽屠宰加工卫生规范》（GB12694—2016）7.6 中规定："按照工艺要求，屠宰后胴体和食用副产品需要进行预冷的，应立即预冷。冷却后，畜肉的中心温度应保持在 7 ℃以下。"

【实际操作】

1. 冷却温度和时间

冷却前，检验人员应检查冷却间、设备是否清洁干净，冷却温度是否符合要求。

冷却过程中，温度应保持在 0 ℃～4 ℃，冷却后的兔胴体中心温度降至 7 ℃以下。

注意： 冷却间卫生条件和温度应符合要求。

2. 冷却后胴体中心温度

在胴体的冷却过程中，要定期检查冷却间温度和胴体中心温度，确保符合规定。冷却温度应保持在 0 ℃～4 ℃，冷却后的兔胴体中心温度降至 7 ℃以下（图 5 - 71）。

图 5 - 71　胴体预冷

注意： 保证预冷间温度和冷却后胴体的中心温度符合规定。

3. 冷却后副产品中心温度

操作人员要定期检查冷却间温度和副产品的中心温度，确保符合规定。冷却温度应保持在 0 ℃～4 ℃，冷却后副产品的中心温度应降至 3 ℃以下。

注意： 保证预冷间温度和冷却后副产品的中心温度符合规定。

4. 预冷后验证

操作人员应采用符合要求的测温设备对冷却后的兔后腿深层中心温度

实施测量监控。应根据生产工艺需要，制定监控频率，定时监控并做好记录，确保兔后腿深层中心温度达到 7 ℃以下。只有符合规定温度的，才能进行下一步操作（图 5－72）。

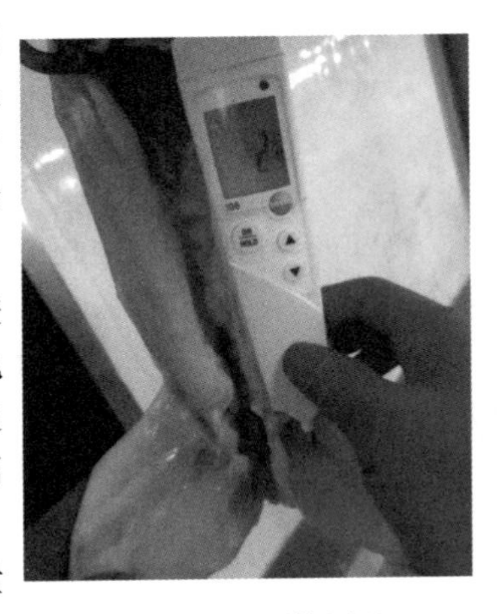
图 5－72　胴体测温

测温前，操作人员应先对测量设备进行消毒，避免造成污染。如果冷却后的兔后腿深层中心温度达不到 7 ℃以下，应通过降低屠宰线链条转速，以延长降温时间的方式来控制兔胴体的中心温度。

注意：保证测量设备的准确性，测量部位及深度应合理。

十三、分　　割

【标准原文】

5.13　分割

5.13.1　根据生产需要，可将兔胴体按照部位分割成以下产品形式：

a）兔前腿：从兔前肢腋下部切割下的前肢部分；

b）兔后腿：沿髋骨上端垂直脊柱整体割下，再沿脊柱中线切割到耻骨联合中线，分成左右两半的后肢部分；

c）去骨兔肉：沿肋骨外缘剔下肋骨和脊柱骨上的肌肉；

d）兔排：去除前、后腿和躯干肌肉的骨骼部分。

5.13.2　分割车间的温度应控制在 12 ℃以下。

【内容解读】

本条款规定了兔胴体分割的要求。

1. 胴体分割

各屠宰厂可根据国内不同市场、出口不同国家的要求和实际情况，对兔胴体按照不同部位进行分割。一般将兔屠宰产品分为整只带骨兔和分割兔两大类，按照部位进一步分割成兔前腿、兔后腿、去骨兔肉、兔排、里脊肉（条）等。

2. 分割车间温度

为降低产品在加工过程中环境和产品接触面上微生物的繁殖速度，分

割车间温度应控制在 12 ℃以下，以确保产品质量。按照《食品安全国家标准　畜禽屠宰加工卫生规范》（GB 12694—2016）4.3 的规定：应按照产品工艺要求将车间温度控制在规定范围内。分割车间温度控制在 12 ℃以下。有温度要求的工序或场所应安装温度显示装置，并对温度进行监控，必要时配备湿度计。温度计和湿度计应定期校准。

【实际操作】

1. 分割

按分割部位的不同，兔分割产品主要分为兔前腿、兔后腿、去骨兔肉、兔排、里脊肉（条）等。

（1）兔前腿　操作人员一手握住兔前腿，另一手用刀具从兔前肢腋下部下刀，切割下前肢部分。修去淤血、兔毛和其他杂质等，然后进行称重分级（图 5－73），最后装入包装袋中，产品摆放要整齐、美观（图 5－74）。

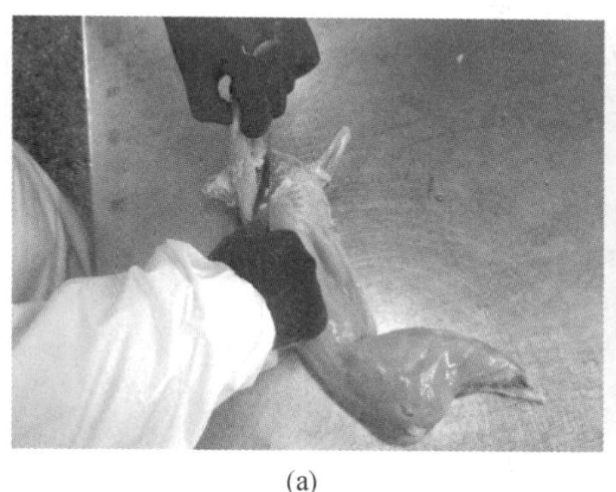

(a)

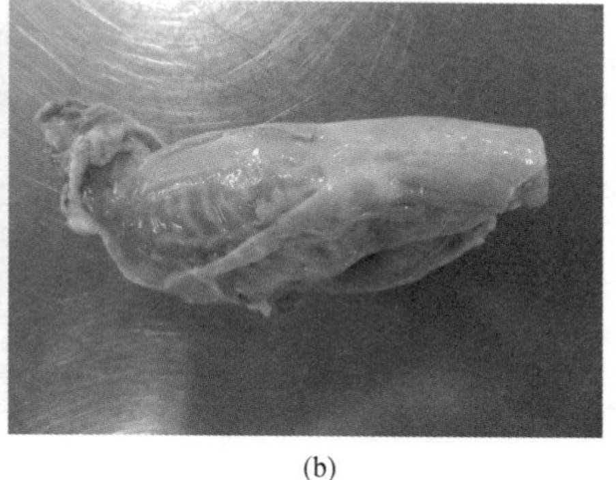

(b)

图 5－73　前腿分割

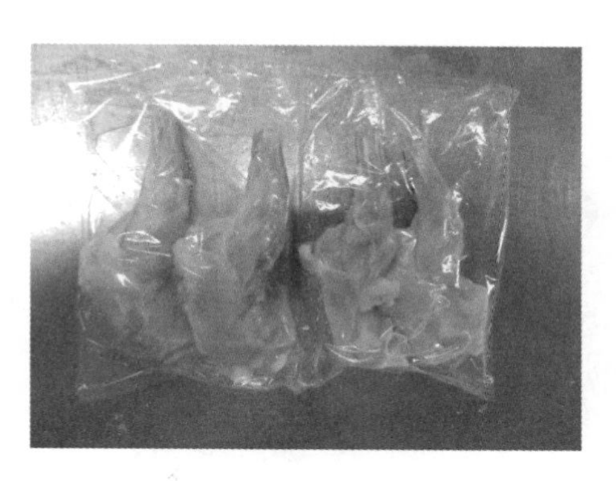

图 5－74　前腿包装

（2）兔后腿 操作人员用机械设备将兔胴体沿髋骨上端垂直脊柱整体割下，分为前后两部分；将后腿部分沿脊柱中线切割，分成左右两半的兔后腿（图 5－75）。

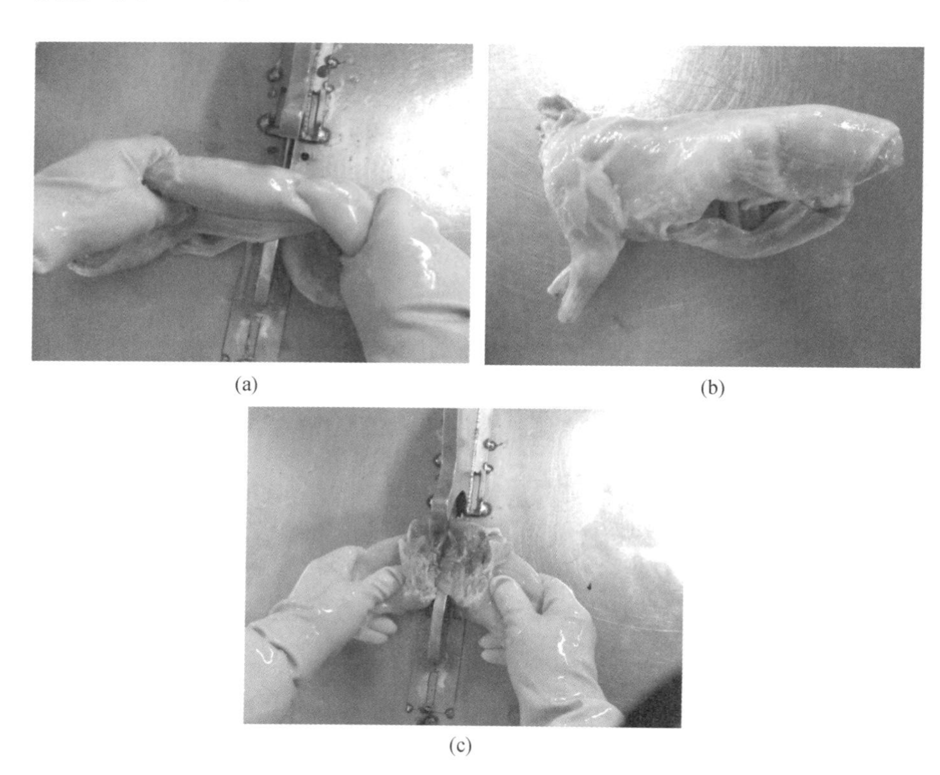

(a) (b) (c)

图 5－75 后腿分割

用刀具修去兔后腿上的脂肪、淤血、兔毛和其他杂质等（图 5－76）。

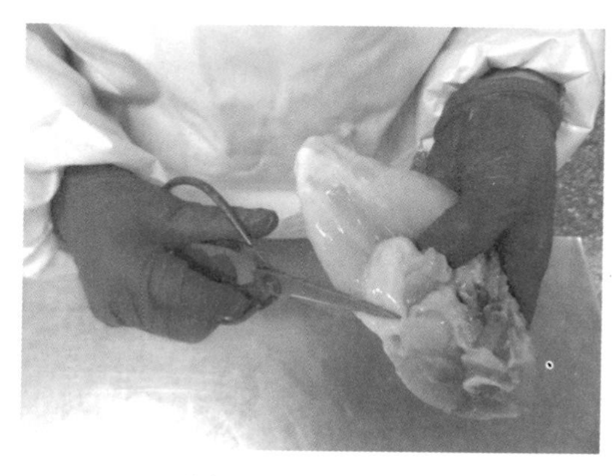

图 5－76 后腿修整

根据市场需要，兔后腿又可分为分级分层后腿、卷装后腿和托盘后腿。

分级分层后腿：将修整合格的兔后腿按照重量进行称重分级分拣，称重包装（图 5－77 至图 5－79）。包装时，每层要单个摆放，摆放要美观（图 5－80）。

图 5－77　后腿分级分拣

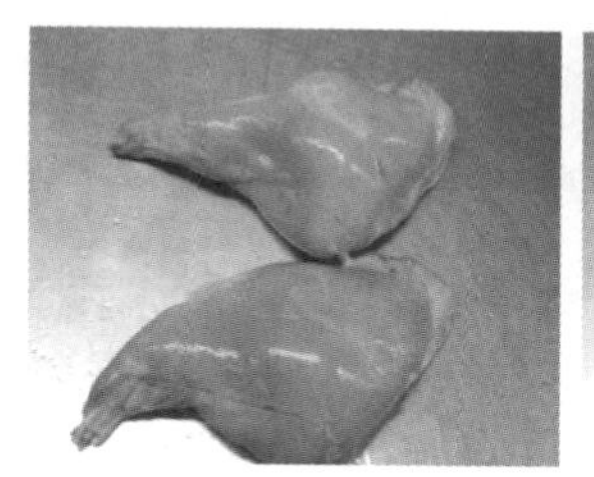
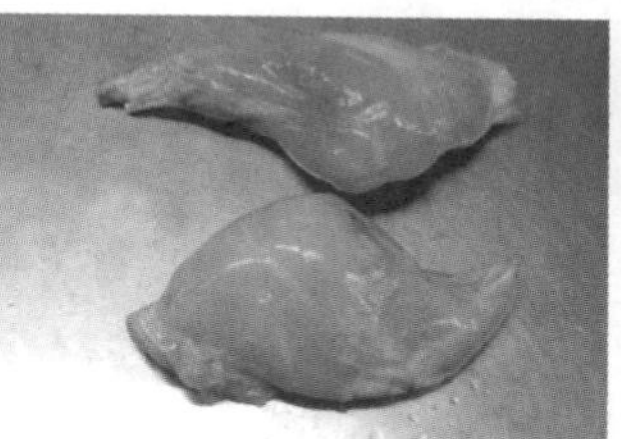
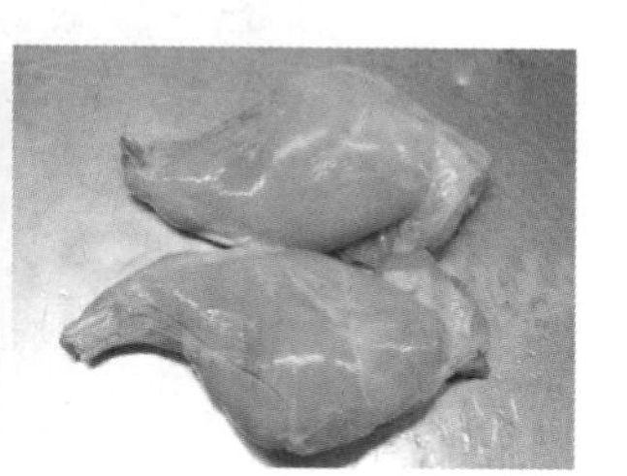

图 5－78　后腿分级

图 5－79　后腿称重

图 5－80　分级分层后腿包装

卷装后腿：将修整合格的兔后腿进行称重包装。包装时，兔后腿摆放要整齐，松紧适宜，整形美观（图 5－81）。

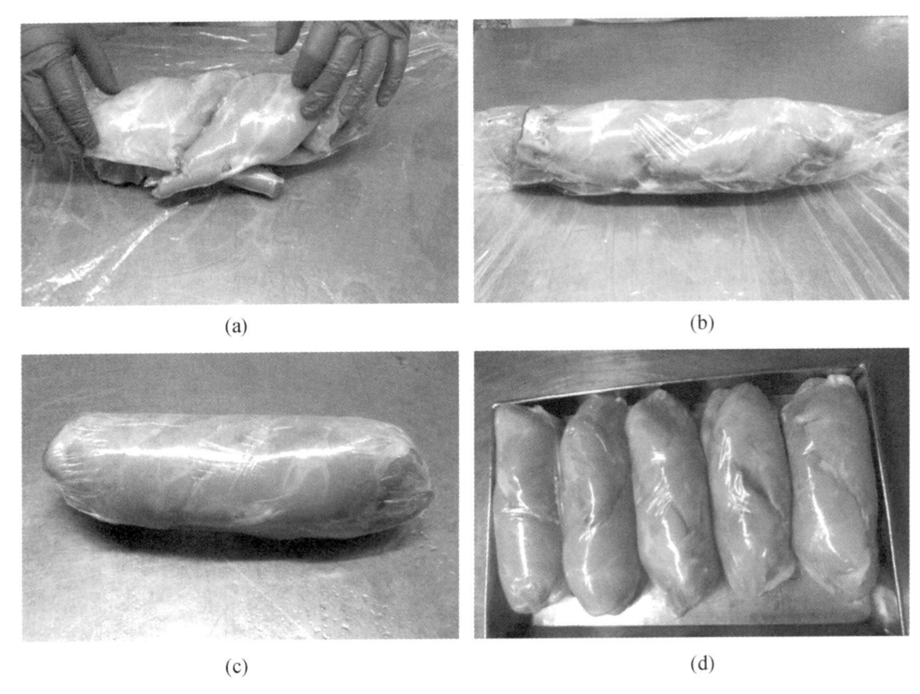
(a) (b) (c) (d)

图 5－81 卷装后腿包装

托盘后腿：将修整合格的兔后腿称重后摆放到托盘盒内，用包装膜进行包装，松紧适宜。摆放要整齐，整形美观（图 5－82）。

图 5－82 托盘后腿包装

（3）去骨兔肉 将分割兔只的前半部分（除去后腿部分）放于不锈钢案板上，一手持刀，另一手握住兔体腹肌，沿肋骨外缘下刀，剔下肋骨和脊柱骨上的肌肉，尽量保持兔排的完整性（图 5－83）。用刀具修去淤血、兔毛和其他杂质，做到“肉上不带骨”（图 5－84）。包装时，将腹部皮平铺在具有方袋的不锈钢盘中，中间放碎肉，整形要平整、美观，避免有凸凹现象（图 5－85）。

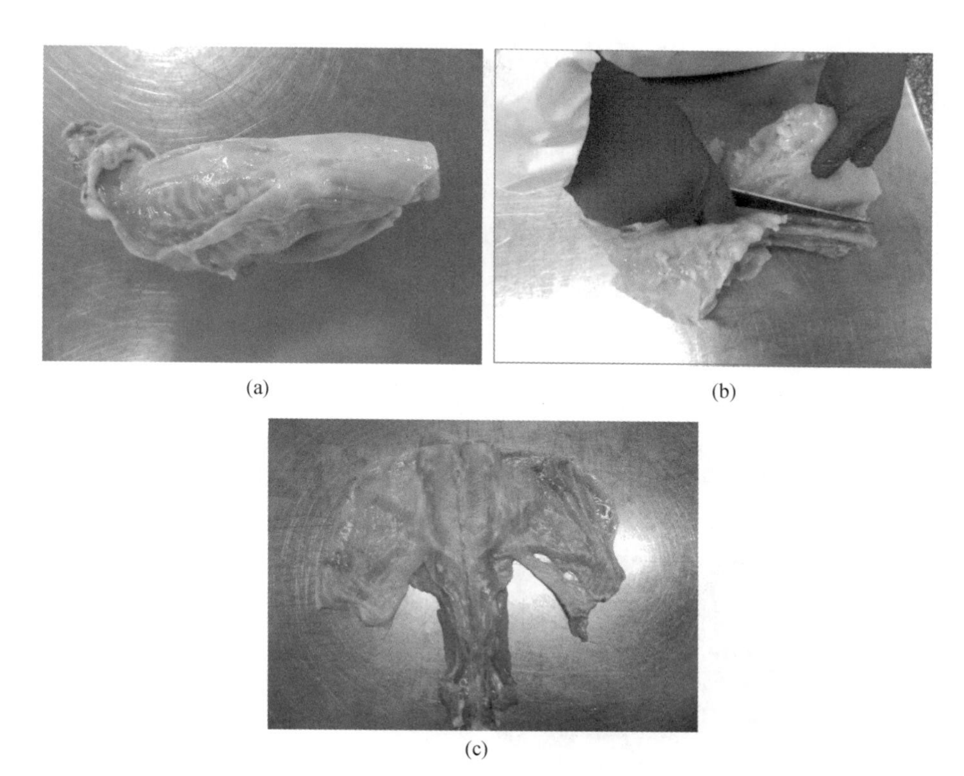

(a)　　(b)

(c)

图 5 - 83　分割去骨兔肉

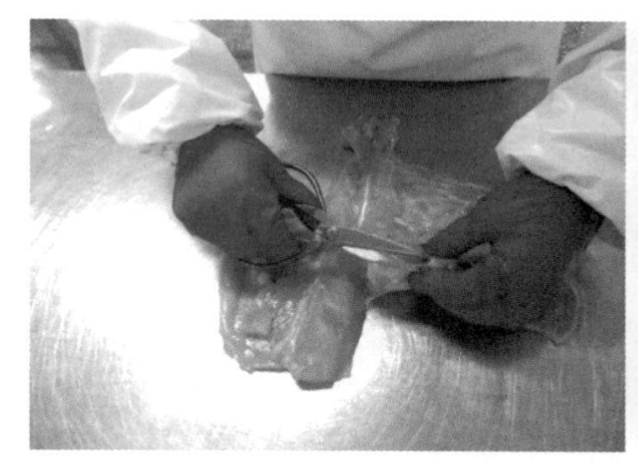

图 5 - 84　去骨兔肉修整　　图 5 - 85　去骨兔肉包装

（4）兔排　按照去骨兔肉分割的加工方法，沿肋骨外缘下刀，剔下肋骨和脊柱骨上的肌肉，尽量使兔排保持完整（图 5 - 86）。然后，进行计量包装，整形要美观（图 5 - 87）。

图 5-86　兔排

图 5-87　兔排包装

(5) 里背肉（条）　里背肉（条）分为里脊肉、里脊条和里脊肉块等。

里脊肉：将分割修剪合格的去骨肉，沿兔腰背边缘 2 cm～3 cm 处（根据产品要求）用剪刀剪下，保持腰背完整（图 5-88，图 5-89）。用刀具修去淤血、兔毛和其他杂质。

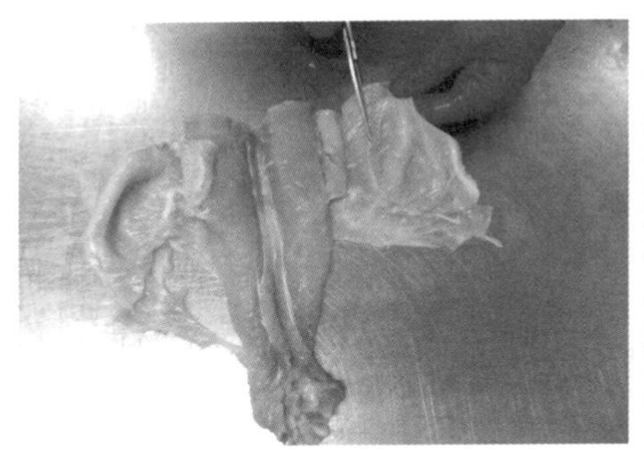

图 5-88　里脊肉加工

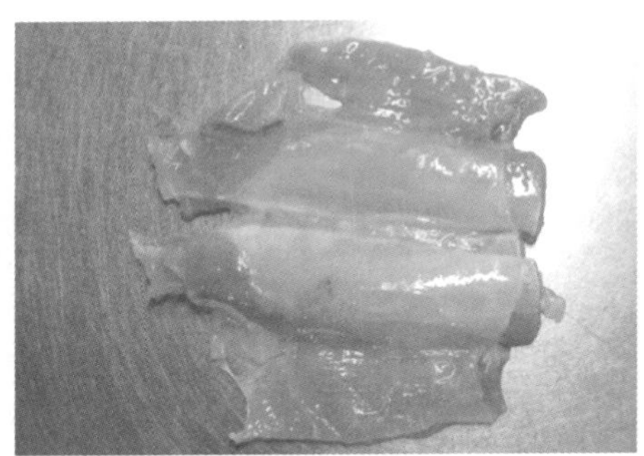

图 5-89　里脊肉

里脊条：操作人员用手或刀具将修剪合格的去骨肉上的里脊条取出，保持里脊条的完整（图 5-90，图 5-91）。

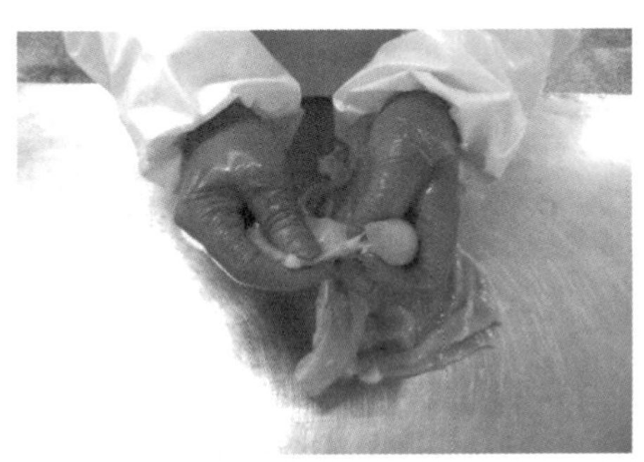

图 5-90　里脊条加工

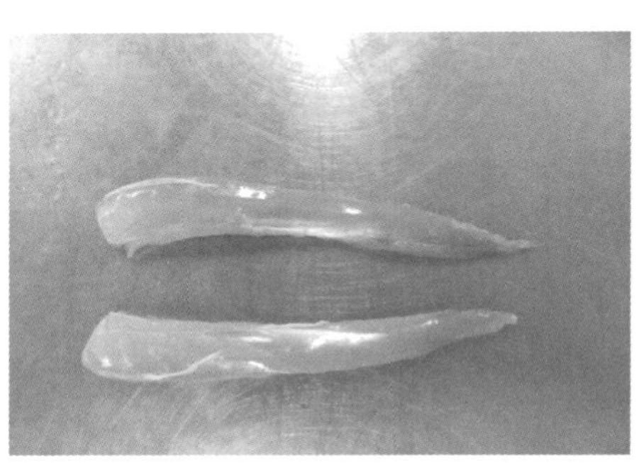

图 5-91　里脊条

里脊肉块：根据产品要求，将里脊肉（条）分割为大小不等的肉块，然后进行计量包装（图 5－92 至图 5－94）。

图 5－92　里脊肉块包装

图 5－93　里脊条包装

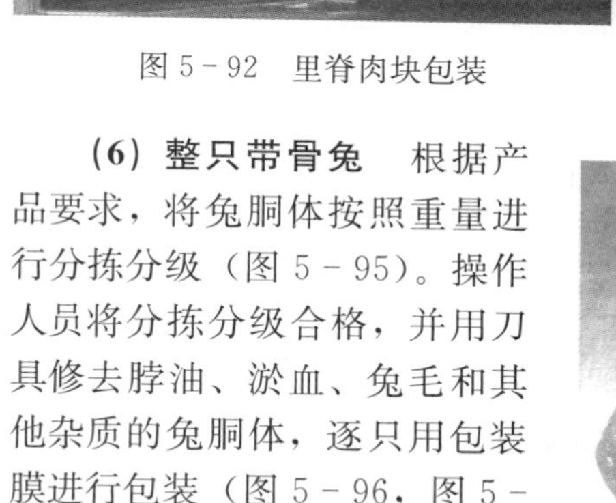

(6) 整只带骨兔　根据产品要求，将兔胴体按照重量进行分拣分级（图 5－95）。操作人员将分拣分级合格，并用刀具修去脖油、淤血、兔毛和其他杂质的兔胴体，逐只用包装膜进行包装（图 5－96，图 5－97）。包装时，松紧要适宜，形状要美观（图 5－98）。然后，将包装好的整只带骨兔放入容器中进行计量包装（图 5－99）。

图 5－94　里脊肉包装

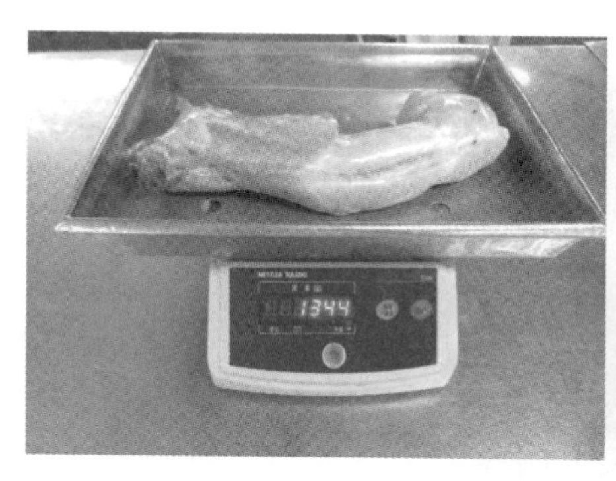

图 5－95　分拣分级

图 5－96　整只带骨兔修整

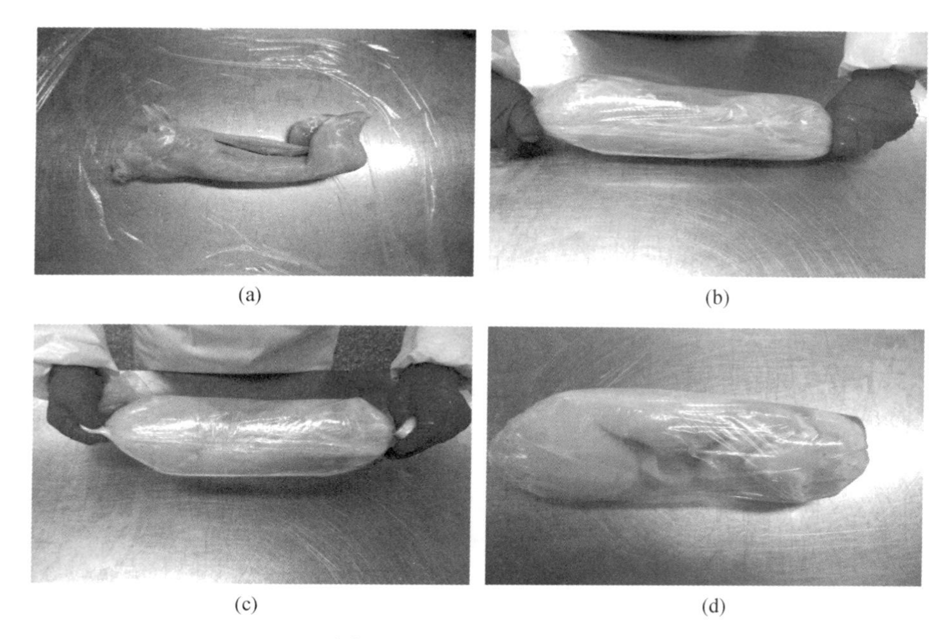

(a) (b) (c) (d)

图 5－97　整只带骨兔包装

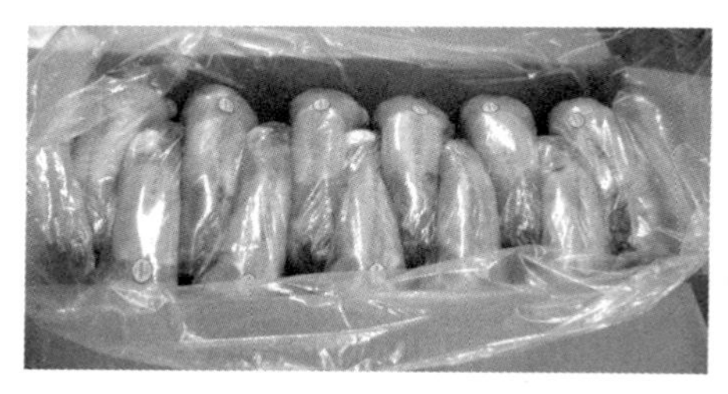

图 5－98　整只带骨兔摆放整齐、美观

图 5－99　带骨兔计量包装

2. 分割车间温度

工作前，要检查分割车间卫生是否符合要求；分割车间温度控制在 12 ℃以下。

工作人员穿戴符合卫生要求的工作服、帽和工作鞋，经检查合格后进入车间（图 5－100）。在操作过程中，严格按照卫生要求进行操作。

图 5－100　分割车间

十四、冻　　结

【标准原文】

5.14　冻结

冻结间的温度为－28 ℃以下，待产品中心温度降至－15 ℃以下转入冷藏间储存。

【内容解读】

本条款规定了兔产品冻结的要求。

冻结是将兔肉产品在－28 ℃以下的环境中迅速冷冻的过程。冻结能延长产品保质期，有利于储存和销售。《食品安全国家标准　畜禽屠宰加工卫生规范》（GB 12694—2016）规定：“应按照产品工艺要求将车间温度控制在规定范围内。”“冻结间温度控制在－28 ℃以下；冷藏储存库温度控制在－18 ℃以下。”“有温度要求的工序或场所应安装温度显示装置，并对温度进行监控，必要时配备湿度计。温度计和湿度计应定期校准。”兔肉产品低温冷藏的储存环境、设施、库温、储存时间等均应满足GB 12694中关于冻结储存管理的要求。

【实际操作】

将加工完成的产品转入冻结库进行冻结，温度控制在－28 ℃以下。冻结间应配置自动温度显示装置（图5-101，图5-102）。

图5-101　冻结间

图5-102　产品冻结

在冻结过程中，冻结间温度控制在－28 ℃以下。产品的中心温度达到－15 ℃以下后，方可进入冷藏储存库。冻结间温度过高会造成产品色泽不良，出现血冰现象，影响产品品质。

应对冻结间的温度进行连续监控，填写相关记录，并确保温度符合规定。

注意： 冻结间的温度应符合要求。产品中心温度达到－15 ℃以下，方可进入冷藏储存库。

十五、屠宰加工过程卫生控制

在兔屠宰加工过程中，工作环境、设备设施、人员和器具等是造成交叉污染的主要来源，是影响产品质量的重要因素。因此，加强对工作环境、设备设施和员工卫生等环节的清洁消毒尤为重要。

1. 人员卫生要求

在兔屠宰加工过程中，加强人员卫生管理和监督检查，确保人员符合规定，是保证产品质量的主要措施。

（1）人员健康 从事兔屠宰加工的所有人员，必须每年进行健康检查，并取得健康证明（图 5－103）。凡患有痢疾、伤寒、甲型病毒性肝炎等消化道传染病，患有活动性肺结核、化脓性或者渗出性皮肤病等有碍食品安全疾病，以及其他不符合健康要求的人员，必须调离岗位，不得从事生产加工。

图 5－103 从业人员健康证明

（2）个人卫生 进入车间的人员应穿戴整齐洁净的工作服、工作帽和工作鞋（图 5－104）。严禁染指甲和化妆，严格执行洗手消毒程序，经过岗前卫生检查合格后方可进入车间（图 5－105）。

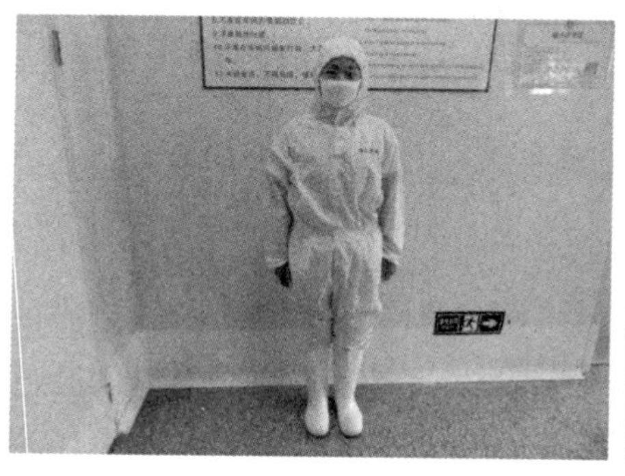

图 5－104 进入车间人员

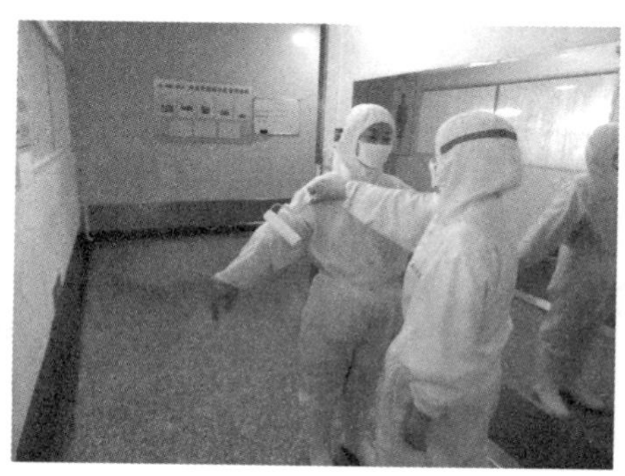

图 5－105 进入车间前卫生检查

2. 清洁消毒卫生要求

清洁和消毒是屠宰加工卫生管理的重要组成部分。制定规范的清洁和消毒程序，加强对车间人员、设备、器具等的卫生管理，避免交叉污染，是兔产品质量安全的重要保障。

(1) 人员的消毒 进入车间人员的手部必须经过规范的洗手消毒程序进行清洗消毒；水靴经鞋靴消毒池消毒，避免交叉污染（图5-106至图5-108）。

图5-106 戴手套

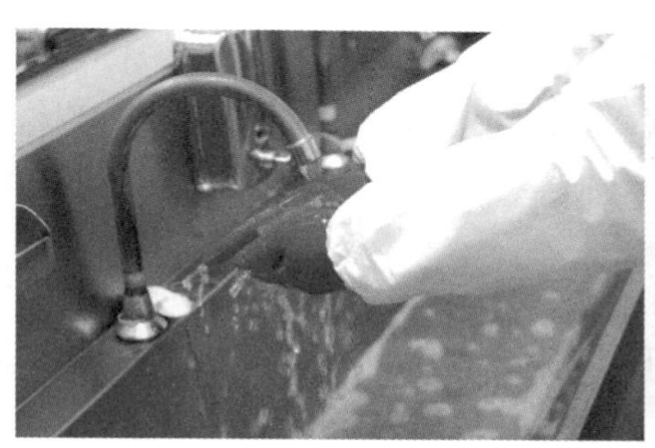

图5-107 洗手消毒

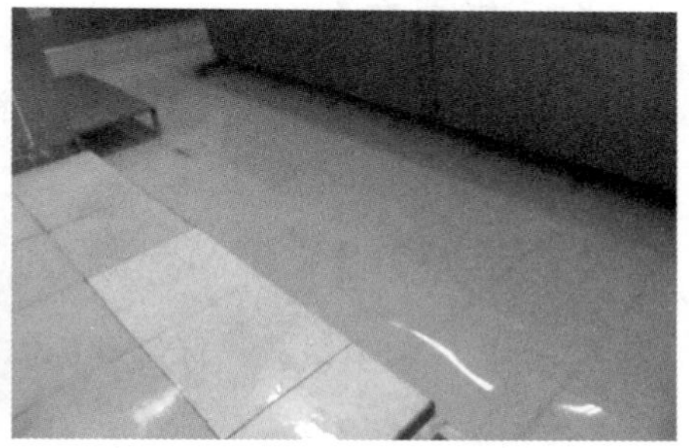

图5-108 鞋靴消毒池

(2) 设备和器具的消毒 生产设备和器具在产前、产中和产后都应进行清洁消毒。屠宰、分割加工过程中使用过的器具，应用82℃以上的热水或其他符合要求的消毒液进行消毒，避免交叉污染。对消毒情况进行检查并作记录，确保设备、器具等符合卫生要求（图5-109，图5-110）。

图5-109 车间内洗手消毒设施

图5-110 车间器具消毒设施

第 6 章 包装、标签、标志和储存

一、包装、标签和标志

【标准原文】

6.1 产品包装、标签、标志应符合 GB/T 191、GB 12694 等相关标准要求。

【内容解读】

本条款规定了包装、标签和标志的要求。

1. 包装

包装不仅起到保护产品、预防污染的作用，而且还能起到提升产品档次和品位的效果。兔肉产品不同的储存条件、流通环境和保质期，对包装材料的要求也不同。良好的包装材料不但可以使兔产品方便运输、流通，保护兔产品不受外界污染，还可以在保持兔肉产品感官指标、延长产品保质期等方面起到重要作用。

根据包装技术的不同，包装方式可分为简易包装、真空包装、收缩包装、贴体包装、充气包装等。选择包装兔产品的容器材料时，应确保包装材料本身不影响兔产品的安全。例如，包装材料本身含有的有害成分不能迁入到兔产品中，或者迁入的数量不能超过限量标准；包装材料本身不能影响兔产品的气味、色泽、形态等特性，也不能改变兔产品的成分。由于当前市场包装材质品种繁多，各屠宰厂可根据需要选用。

2. 标签和标志

标签和标志，既是屠宰厂兔肉产品检验合格的标志，也是产品信息的重要载体，对产品追溯和质量控制起到至关重要的作用。

根据国内外市场的要求，加贴相应的标签和卫生标志。GB 14881—

2013 的 8.5 中规定："食品包装应能在正常的储存、运输、销售条件下最大限度地保护食品的安全性和食品品质。""使用包装材料时应核对标识，避免误用；应如实记录包装材料的使用情况。"《包装储运图示标志》（GB/T 191）则对包装储运图示标志的名称、图形符号、尺寸、颜色、应用方法等作出了规定。

【实际操作】

兔产品包装、标签、标志应符合相关法律法规的要求，应根据产品的特性选择适宜的包装材料和包装方式。内包装材料一般为 PE 材料，外包装一般采用纸箱，屠宰企业可根据盛装的产品选择适宜的包装。标签、标志应根据相关法律法规的要求加施。

注意：包装、标签、标志要符合相关规定，并做好产品出入记录。

二、储　　存

【标准原文】

6.2　储存环境与设施、库温和储存时间应符合 GB 12694 等相关标准要求。

【内容解读】

本条款规定了兔产品储存的要求。

《食品安全国家标准　畜禽屠宰加工卫生规范》（GB 12694—2016）规定："应按照产品工艺要求将车间温度控制在规定范围内。""冷藏储存库温度控制在－18 ℃以下。""有温度要求的工序或场所应安装温度显示装置，并对温度进行监控，必要时配备湿度计。温度计和湿度计应定期校准。"

兔产品低温冷藏的储存环境、设施、库温、储存时间都应符合 GB 12694 的规定。

【实际操作】

1. 储存环境与设施

冻兔肉产品应在－18 ℃±1 ℃符合卫生条件的储存库储存，储存库应配置自动温度显示装置（图 6－1）。在兔肉产品储存时，要定期清扫，产品离墙、离地，与天花板保持一定的距离。要按照不同种类、批次分类存放，并加以标识。同一库内不得存放有碍卫生的物品，防止造成污染和串味，从而影响产品的品质（图 6－2）。

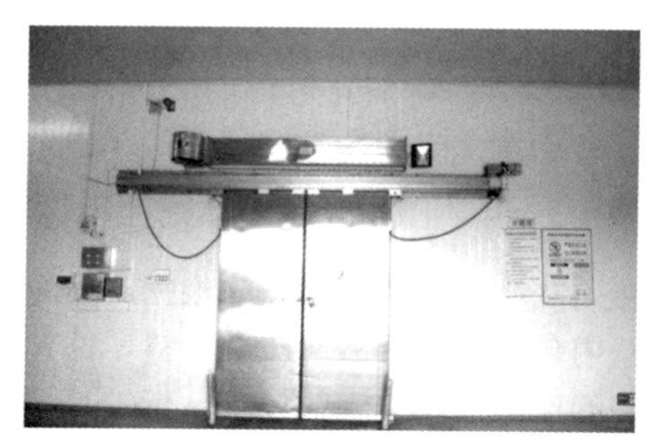

图 6－1　储存库

图 6－2　成品储存

2. 储存温度

鲜兔肉产品应储存在 0 ℃～4 ℃预冷间；冻兔肉产品应储存在－18 ℃±1 ℃的冻结间。储藏间温度频繁变化，易造成肉质风干和脂肪发黄等，影响产品质量。

3. 储存时间

参照《食品安全国家标准　畜禽屠宰加工卫生规范》（GB 12694—2016）的规定执行。

注意： 温度应符合规定，储存环境符合卫生要求。

第7章 其他要求

一、被污染产品处理

【标准原文】

7.1 屠宰过程中落地或被粪便、胆汁污染的肉品及副产品应另行处理。

【内容解读】

本条款规定了被污染肉品及副产品处理的要求。

病害动物无害化处理，也称生物安全处理，是指用物理、化学等方法处理经检验确定为不适合人类食用或不符合兽医卫生要求的动物、胴体、内脏或动物的其他部分，消灭其所携带的病原微生物，消除动物尸体危害的过程。

【实际操作】

在屠宰过程中，需要无害化处理的产品应按照《食品安全国家标准 畜禽屠宰加工卫生规范》(GB 12694—2016) 的要求和《病死及病害动物无害化处理技术规范》的要求进行相应处理。

二、不合格产品处理

【标准原文】

7.2 经检验检疫不合格的胴体、肉品及副产品，应按 GB 12694 的要求和农医发〔2017〕25 号的规定处理。

【内容解读】

本条款规定了不合格产品处理的要求。

为防止不合格产品流入市场，应将检验不合格的胴体、肉品及副产品按照《食品安全国家标准　畜禽屠宰加工卫生规范》（GB 12694—2016）的要求和《病死及病害动物无害化处理技术规范》的要求进行相应处理。

【实际操作】

企业应建立不合格产品的控制程序。一旦发现不合格产品，应立即进行标识、隔离和评价。同时，及时查找不合格的原因，并采取纠正和预防措施，防止再次发生。对经检验检疫不合格的胴体肉品及副产品，应按 GB 12694 的要求和《病死及病害动物无害化处理技术规范》的规定处理。

三、追溯与召回

【标准原文】

7.3　产品追溯与召回应符合 GB 12694 的要求。

【内容解读】

本条款规定了产品追溯与召回的要求。

1. 追溯

为确保肉类及其产品存在不可接受的食品安全风险时能够进行追溯，应建立完善的可追溯体系。

《食品安全国家标准　畜禽屠宰加工卫生规范》（GB 12694—2016）规定："应建立完善的可追溯体系，确保肉类及其产品存在不可接受的食品安全风险时，能进行追溯。"

《中华人民共和国食品安全法》第四十二条规定："国家建立食品安全全程追溯制度。食品生产经营者应当依照本法的规定，建立食品安全追溯体系，保证食品可追溯。国家鼓励食品生产经营者采用信息化手段采集、留存生产经营信息，建立食品安全追溯体系。国务院食品安全监督管理部门会同国务院农业行政等有关部门建立食品安全全程追溯协作机制。"

2. 召回

当发现出厂产品属不安全食品时，为确保消费者健康，需要进行产品召回。

《食品安全国家标准　畜禽屠宰加工卫生规范》（GB 12694—2016）规定："畜禽屠宰加工企业应根据相关法律法规建立产品召回制度，当发现出厂产品属于不安全食品时，应进行召回，并报告官方兽医。"对于召回产品的处理，应符合 GB 14881—2013 中第 11 章的相关规定。

《中华人民共和国食品安全法》第六十三条规定："国家建立食品召回制度。食品生产者发现其生产的食品不符合食品安全标准或者有证据证明可能危害人体健康的，应当立即停止生产，召回已经上市销售的食品，通知相关生产经营者和消费者，并记录召回和通知情况。食品经营者发现其经营的食品有前款规定情形的，应当立即停止经营，通知相关生产经营者和消费者，并记录停止经营和通知情况。食品生产者认为应当召回的，应当立即召回。由于食品经营者的原因造成其经营的食品有前款规定情形的，食品经营者应当召回。食品生产经营者应当对召回的食品采取无害化处理、销毁等措施，防止其再次流入市场。但是，对因标签、标志或者说明书不符合食品安全标准而被召回的食品，食品生产者在采取补救措施且能保证食品安全的情况下可以继续销售；销售时应当向消费者明示补救措施。食品生产经营者应当将食品召回和处理情况向所在地县级人民政府食品安全监督管理部门报告；需要对召回的食品进行无害化处理、销毁的，应当提前报告时间、地点。食品安全监督管理部门认为必要的，可以实施现场监督。食品生产经营者未依照本条规定召回或者停止经营的，县级以上人民政府食品安全监督管理部门可以责令其召回或者停止经营。"

【实际操作】

1. 产品追溯

肉兔屠宰厂应建立从源头养殖、屠宰加工、产品销售的可追溯性和产品召回控制程序，完善产品的标识，使产品具有可追溯性。

2. 产品召回

当发现出厂产品有问题时，为确保消费者健康，需要进行产品召回。

应定期进行模拟召回演练，验证追溯与召回程序的有效性，以保障产品质量安全。

四、记录和文件

【标准原文】

7.4　记录和文件应符合 GB 12694 的要求。

【内容解读】

本条款是对肉兔屠宰厂建立记录管理制度的要求。

记录和文件是质量管理的基础，是屠宰厂食品安全管理体系的重要组成部分，涉及食品生产管理的各个方面，与生产、质量、储存和运输等相关的所有活动都应在文件系统中明确规定。记录是反映实际兔屠宰加工活动实施情况的文件，记载了整个产品生产加工过程中的详细信息。记录必须真实、准确、完整，便于追溯。

《食品安全国家标准　畜禽屠宰加工卫生规范》（GB 12694—2016）规定："应建立记录制度并有效实施，包括畜禽入厂验收、宰前检查、宰后检查、无害化处理、消毒、储存等环节，以及屠宰加工设备、设施、运输车辆和器具的维护记录。记录内容应完整、真实，确保对产品从畜禽进厂到产品出厂的所有环节都可进行有效追溯。""企业应记录召回的产品名称、批次、规格、数量、发生召回的原因、后续整改方案及召回处理情况等内容。"

《中华人民共和国食品安全法》第五十条规定："食品生产者采购食品原料、食品添加剂、食品相关产品，应当查验供货者的许可证和产品合格证明；对无法提供合格证明的食品原料，应当按照食品安全标准进行检验；不得采购或者使用不符合食品安全标准的食品原料、食品添加剂、食品相关产品。"

【实际操作】

应按照标准要求建立规范化的文件控制程序和记录控制程序，按照标准和文件规定进行操作，确保所有文件和记录准确、规范。按照归档要求及时归档，记录保存期限不得少于肉类保质期满后 6 个月。没有保质期的，保存期限不得少于 2 年。

畜禽屠宰操作规程　兔

1　范围

本标准规定了兔屠宰的术语和定义、宰前要求、屠宰操作程序和要求、冷却、分割、冻结、包装、标签、标志和储存以及其他要求。

本标准适用于兔屠宰加工厂（场）的屠宰操作。

2　规范性引用文件

下列文件对于本文件的应用是必不可少的。凡是注日期的引用文件，仅注日期的版本适用于本文件。凡是不注日期的引用文件，其最新版本（包括所有的修改单）适用于本文件。

GB/T 191　包装储运图示标志

GB 12694　食品安全国家标准　畜禽屠宰加工卫生规范

GB/T 19480　肉与肉制品术语

NY 467　畜禽屠宰卫生检疫规范

农医发〔2017〕25 号　病死及病害动物无害化处理技术规范

农医发〔2018〕9 号　兔屠宰检疫规程

3　术语和定义

GB 12694、GB/T 19480 界定的以及下列术语和定义适用于本文件。

3.1

兔屠体　rabbit body

兔宰杀、放血后的躯体。

3.2

兔胴体　rabbit carcass

去爪、去头（或不去头）、剥皮、去除内脏后的兔躯体。

3.3

同步检验　synchronous inspection

与屠宰操作相对应，将畜禽的头、蹄（爪）、内脏与胴体生产线同步运行，由检验人员对照检验和综合判断的一种检验方法。

4 宰前要求

4.1 待宰兔应健康良好，并附有产地动物卫生监督机构出具的动物检疫合格证明。

4.2 兔宰前应停食静养，并充分给水。待宰时间超过 12 h 的，宜适量喂食。

4.3 屠宰前应向所在地动物卫生监督机构申报，按照农医发〔2018〕9号和 GB 12694 等进行宰前检查，合格后方可屠宰。

5 屠宰操作程序和要求

5.1 致昏

5.1.1 宰杀前应对兔致昏，宜采用电致昏的方法，使兔在宰杀、沥血直到死亡时处于无意识状态，对睫毛反射刺激不敏感。

5.1.2 采用电致昏时，应根据兔的品种和规格大小适当调整电压或电流参数、致昏时间，保持良好的电接触。

5.1.3 致昏设备的控制参数应适时监控并保存相关记录，应有备用的致昏设备。

5.2 宰杀放血

5.2.1 兔致昏后应立即宰杀。将兔右后肢挂到链钩上，沿兔耳根部下颌骨割断颈动脉。

5.2.2 放血刀每次使用后应冲洗，经不低于 82 ℃的热水消毒后轮换使用。

5.2.3 沥血时间应不少于 4 min。

5.3 去头

固定兔头，持刀沿兔寰椎（耳根部第一颈椎）处将兔头割下。

5.4 剥皮

5.4.1 挑裆

用刀尖从兔左后肢跗关节处挑划后肢内侧皮，继续沿裆部划至右后肢跗关节处。

5.4.2 去左后爪

从兔左后肢跗关节上方处剪断或割断左后爪。

5.4.3 挑腿皮

用刀尖从兔右后肢跗关节处挑断腿皮，将右后腿皮剥至尾根部。

5.4.4 割尾

从兔尾根部内侧将尾骨切开，保持兔尾外侧的皮连接在兔皮上。

5.4.5 割腹肌膜

用刀尖将兔皮与腹部之间的肌膜分离，不得划破腹腔。

5.4.6 去前爪

从前肢腕关节处剪断或割断左、右前爪。

5.4.7 扯皮

握住兔后肢皮两侧边缘，拉至上肢腋下处，采用机械或人工方法扯下兔皮。

5.5 去内脏

5.5.1 开膛

割开耻骨联合部位，沿腹部正中线划至剑状软骨处，不得划破内脏。

5.5.2 掏膛

固定脊背，掏出内脏，保持内脏连接在兔屠体上。

5.5.3 净膛

将心、肝、肺、胃、肾、肠、膀胱、输尿管等内脏摘除。

5.6 检验检疫

同步检验按照 NY 467 的要求执行，检疫按照农医发〔2018〕9 号的要求执行。

5.7 修整

5.7.1 修去生殖器及周围的腺体、淤血、污物等。

5.7.2 从兔右后肢跗关节处剪断或割断右后爪。

5.7.3 对后腿部残余皮毛进行清理。

5.8 挂胴体

将需要冷却的兔胴体悬挂在预冷链条的挂钩上。

5.9 喷淋冲洗

对胴体进行喷淋冲洗，清除胴体上残余的毛、血和污物等。

5.10 胴体检查

检查有无粪便、胆汁、兔毛、其他异物等污染。应将污染的胴体摘离生产线，轻微污染的，对污染部位进行修整、剔除；严重污染的，收集后做无害化处理。

5.11 副产品整理

5.11.1 副产品在整理过程中不应落地。

5.11.2 副产品应去除污物，清洗干净。

5.11.3 内脏、兔头等加工时应分区。

5.12 冷却

5.12.1 冷却设定温度为 0 ℃～4 ℃，冷却时间不少于 45 min。

5.12.2 冷却后的胴体中心温度应保持在 7 ℃以下。

5.12.3 冷却后副产品中心温度应保持在 3 ℃以下。

5.12.4 冷却后检查胴体深层温度，符合要求的方可进入下一步操作。

5.13 分割

5.13.1 根据生产需要，可将兔胴体按照部位分割成以下产品形式：

a）兔前腿：从兔前肢腋下部切割下的前肢部分；

b）兔后腿：沿髋骨上端垂直脊柱整体割下，再沿脊柱中线切割到耻骨联合中线，分成左右两半的后肢部分；

c）去骨兔肉：沿肋骨外缘剔下肋骨和脊柱骨上的肌肉；

d）兔排：去除前、后腿和躯干肌肉的骨骼部分。

5.13.2 分割车间的温度应控制在 12 ℃以下。

5.14 冻结

冻结间的温度为－28 ℃以下，待产品中心温度降至－15 ℃以下转入冷藏间储存。

6 包装、标签、标志和储存

6.1 产品包装、标签、标志应符合 GB/T 191、GB 12694 等相关标准要求。

6.2 储存环境与设施、库温和储存时间应符合 GB 12694 等相关标准要求。

7 其他要求

7.1 屠宰过程中落地或被粪便、胆汁污染的肉品及副产品应另行处理。

7.2 经检验检疫不合格的胴体、肉品及副产品，应按 GB 12694 的要求和农医发〔2017〕25 号的规定处理。

7.3 产品追溯与召回应符合 GB 12694 的要求。

7.4 记录和文件应符合 GB 12694 的要求。

附录2

兔屠宰工艺流程图

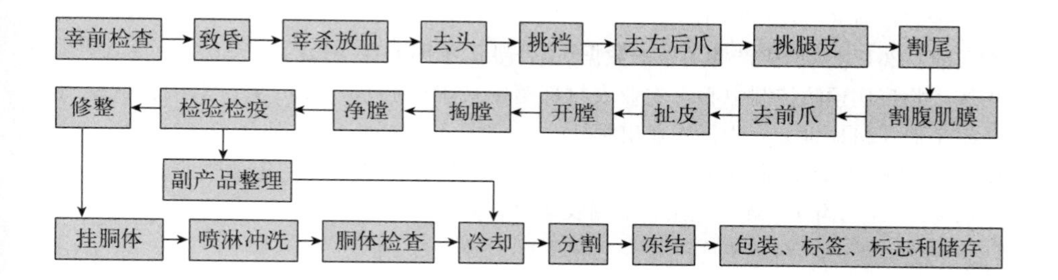

主要参考文献

谷子林，2001. 实用家兔养殖技术 [M]. 北京：金盾出版社.

谷子林，秦应和，任克良，2013. 中国养兔学 [M]. 北京：中国农业出版社.

谷子林，任克良，2010. 中国家兔产业化 [M]. 北京：金盾出版社.

秦应和，武拉平，2018. 2017年兔产业发展情况、未来发展趋势及建议 [J]. 中国畜牧杂志，54 (3)：149-154.

阎英凯，2017. 兔肉生产和消费的数据更新 [J]. 中国养兔 (1)：26-30.

中国动物疫病预防控制中心（农业农村部屠宰技术中心），2018. 兔屠宰检验检疫图解手册 [M]. 北京：中国农业出版社.

中国畜牧业协会兔业分会，国家兔产业技术体系，2013. 中国兔产业发展报告（1985—2010年）[M]. 北京：中国农业出版社.

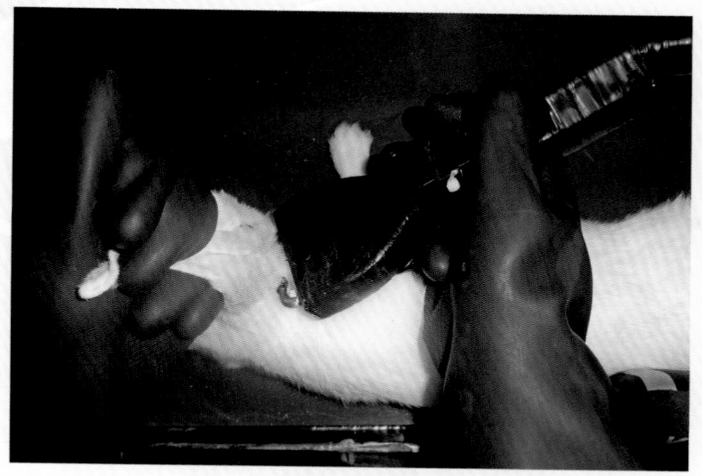

彩图1　致昏部位（耳根部）

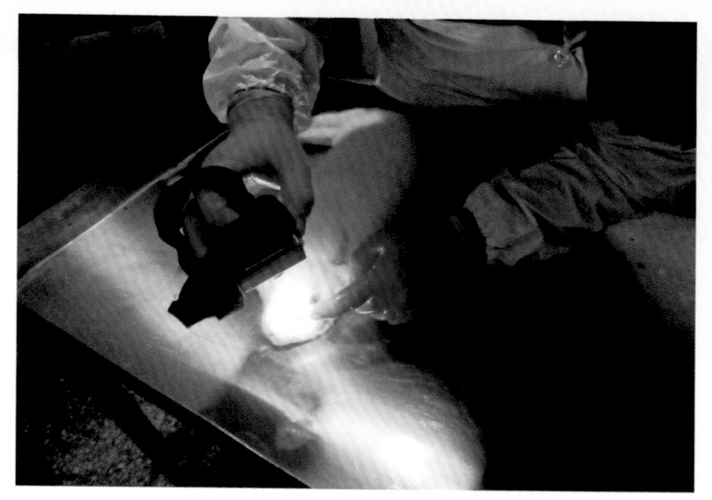

彩图2　致昏验证

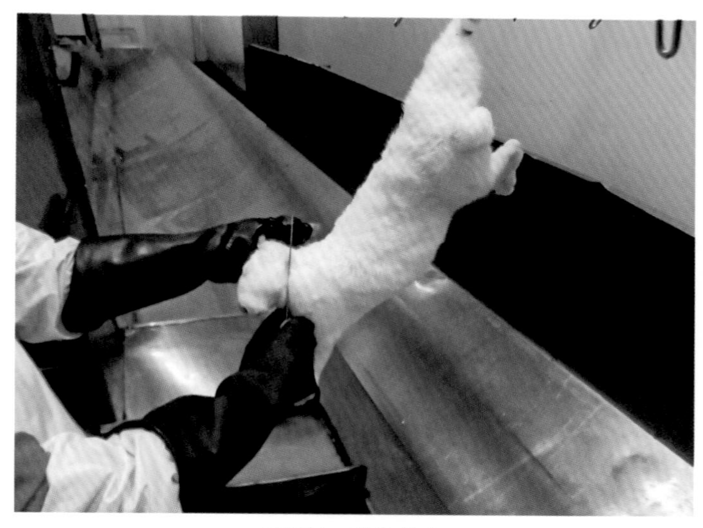

彩图3　宰杀放血

彩图4　沥血

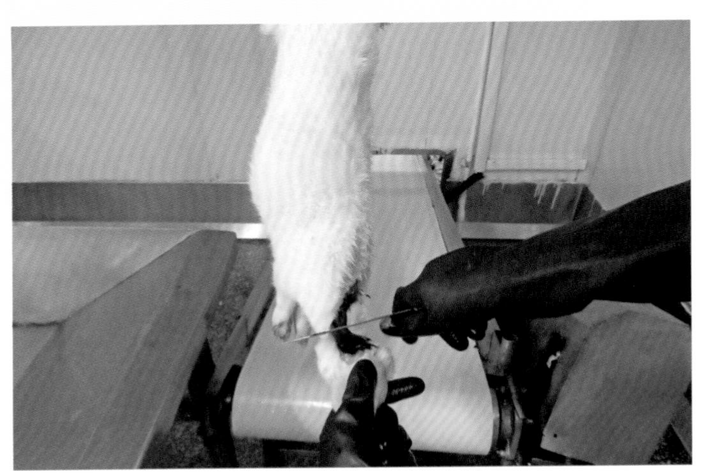

彩图5　去头

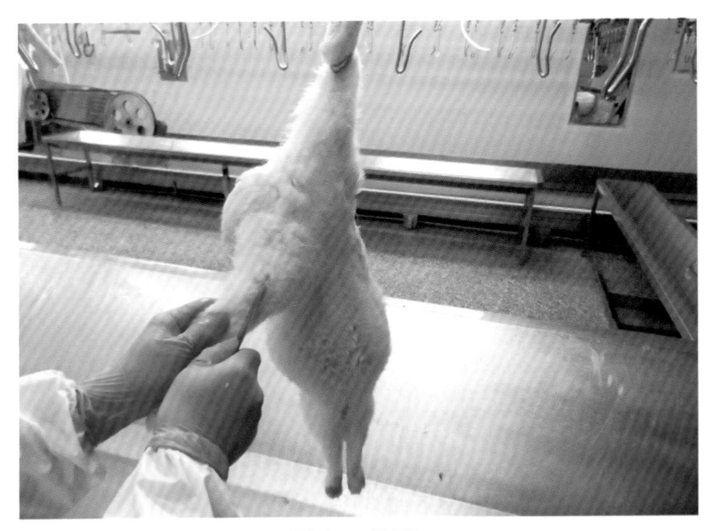

彩图6　挑裆

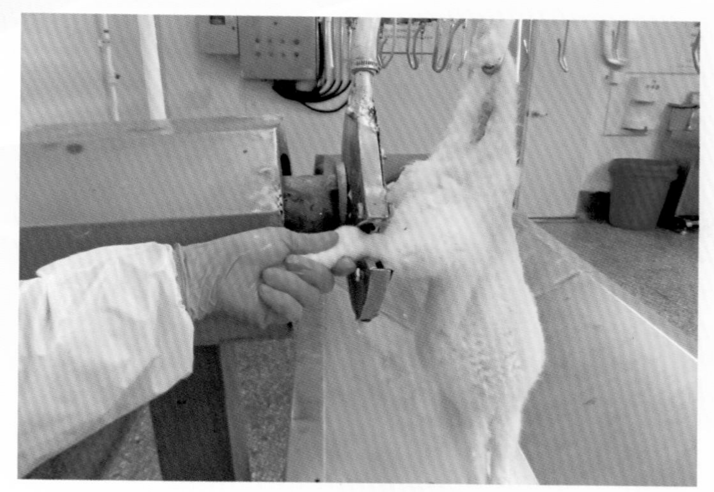

彩图7　机械去左后爪

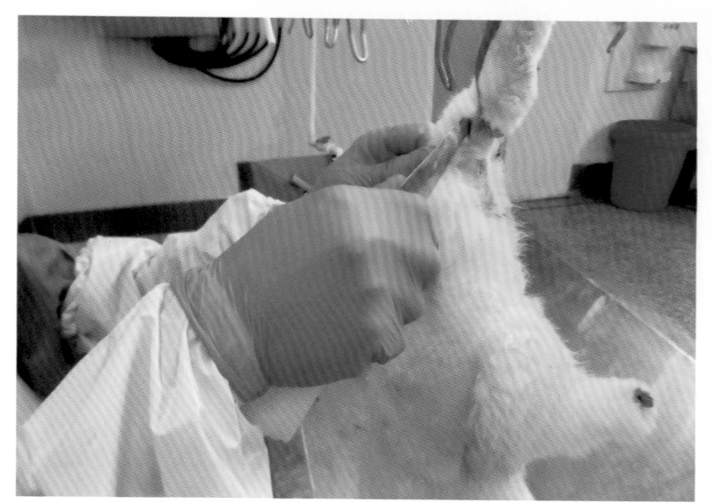

彩图8　挑腿皮

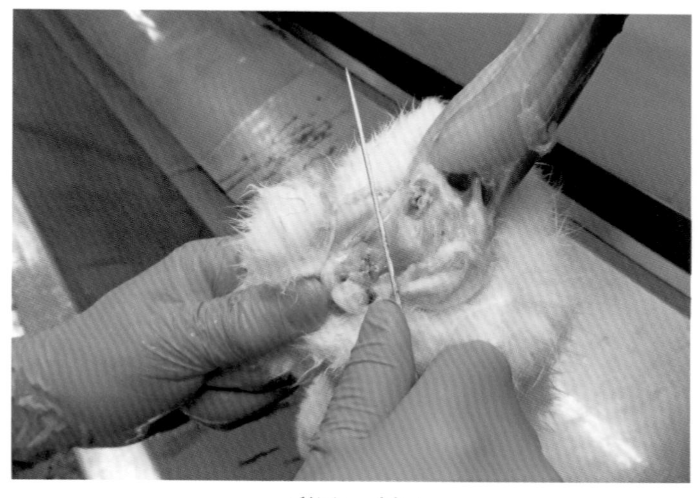

彩图9　割尾

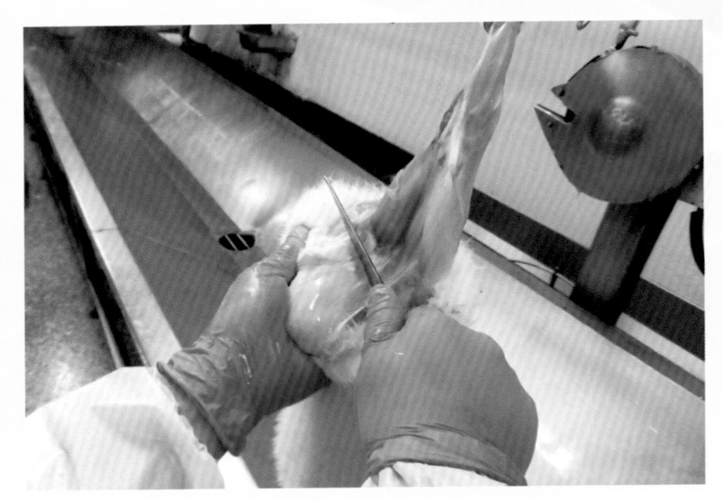
彩图10　割腹肌膜

彩图11　机械去前爪

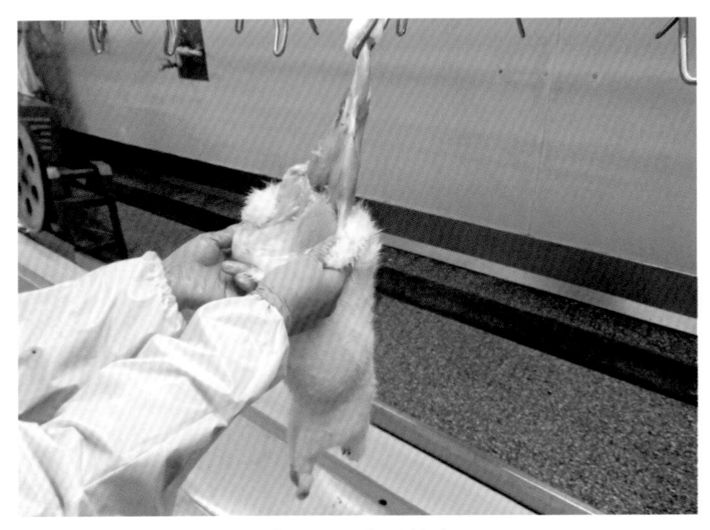
彩图12　人工扯皮

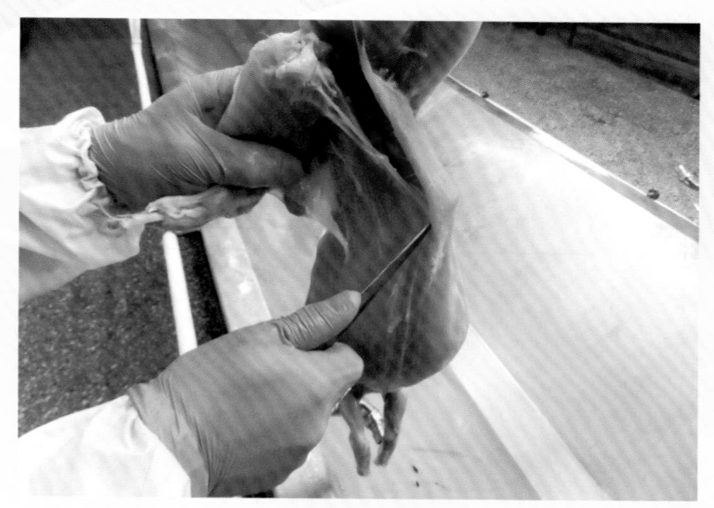

彩图13　开膛

彩图14　掏膛

彩图15　净膛（去内脏后）

彩图16　肾脏摘除

彩图17　体表检查

彩图18　内脏检查

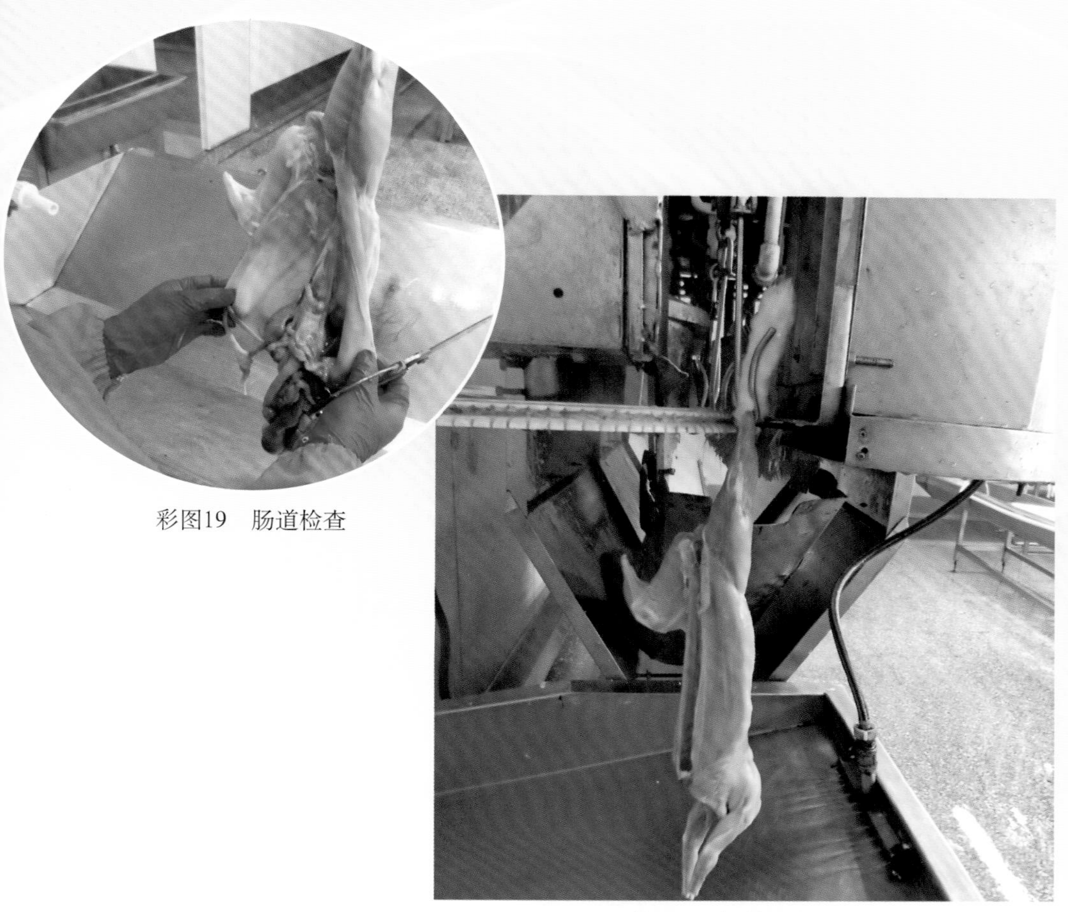

彩图19　肠道检查

彩图20　机械去右后爪

彩图21　修整

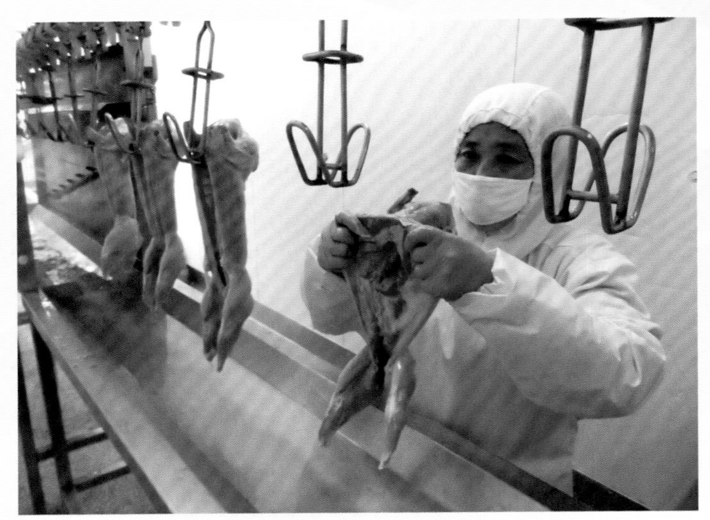

彩图22　挂胴体

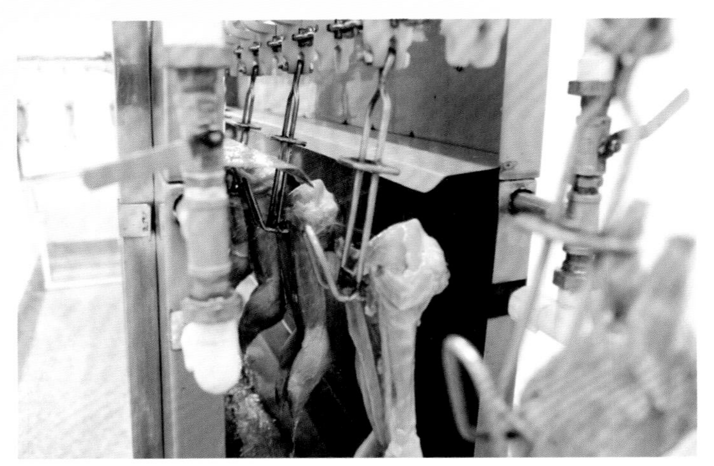

彩图23　喷淋

彩图24　胴体检查